图解城市设计

金广君 著

中国建筑工业出版社

图书在版编目（CIP）数据

图解城市设计/金广君著. —北京：中国建筑工业
出版社，2010.7（2024.2重印）
ISBN 978-7-112-12109-0

Ⅰ.图… Ⅱ.金… Ⅲ.城市规划–建筑设计–图解
Ⅳ.①TU984-64

中国版本图书馆CIP数据核字（2010）第088782号

责任编辑：徐　冉　王莉慧
责任设计：李志立
责任校对：赵　颖

图解城市设计

金广君　著

*
中国建筑工业出版社出版、发行（北京海淀三里河路9号）
各地新华书店、建筑书店经销
北京嘉泰利德公司制版
建工社（河北）印刷有限公司印刷
*
开本：787×960毫米　1/16　印张：10¼　字数：246千字
2010年8月第一版　2024年2月第十一次印刷
定价：42.00元
ISBN 978-7-112-12109-0
（35511）

再版序

1998 年，我基于针对哈尔滨工业大学本科生知识结构和教学需要形成的"城市设计概论"讲义，经过一些加工和整理，在黑龙江科学技术出版社出版了本书。

很高兴 10 多年后本书能够在中国建筑工业出版社再版，这要感谢出版社徐冉编辑的鼓励与帮助。感谢本书第一版所有读者的关注和厚望。

应该说明的是，近十年来我国经济的腾飞和城市建设的突飞猛进，给城市设计的理论探索与工程实践提供了许多难得的机会。这期间，国内同行对城市设计做了大量的理论研究工作与工程实践，陆续出版了许多城市设计的专著，应该说大家对城市设计的认识与体会早已今非昔比。

本书论述的是城市设计最基本的问题，对于拟初步了解城市设计的人来说，这些内容是认识和理解城市设计所必需的。为了保持原书的系统性和表述特点，没有再增加新的内容，敬请各位读者理解。

前　言

　　当我们翻阅近十年来城市规划和建筑学方面的学术期刊时，就会注意到这些刊物对城市设计问题的讨论占相当多的篇幅。其中，有对概念的认识，有对理论的研究，有对实践的介述，且观点和方法不尽相同。"城市设计"已经成了城市建设学科中热闹非凡的研究课题之一。

　　的确，城市设计与现代城市环境、城市生活的关系越来越密切了，也越来越重要了。随着人们城市意识、环境意识的增强，城市设计还会向更广泛的领域渗透。

　　目前，国内已经出版的多部关于城市设计的译著和论著，都是从不同的角度来讨论城市设计的，也反映出作者对城市设计问题的不同认识。本书以城市形体环境的建设过程为线索，力求把城市的设计、开发与管理联系起来，也是本人对城市设计的认识与理解。

　　图解是设计创作的重要方法，是最有效的设计表达和设计交流的媒介之一。图的表达内容十分丰富，并给人以思考和想象的余地，不同的人会有不同的理解。从设计角度来说，城市设计是一种创造，因此，采用图解的形式更能适合城市设计的学科和读者。

　　城市设计尚是一个扑朔迷离的问题，而且包容着广袤的领域。本书仅搭构了一个不尽完善的框架，许多问题尚待充实和完善。尽管如此，我已深深感到知识的匮乏和力不从心，渴望同行不吝赐教，以求在今后的研究和工作中渐趋丰富和提高。

　　书中个别插图是引用别人的，有些插图是借鉴他人的图改绘的，在此一并向原作者表示感谢。

目 录

第一章　城市与设计

1. 城市

城市是人类社会文明发展到一定程度的产物，是城市化过程中出现的复杂的聚居形式，综合反映着社会的发展过程和发展水平。城市设计问题是伴随着城市而出现，又伴随着城市化的发展而深入的。所以，城市设计问题"古已有之"，可以说，有了城市建设也就有了城市设计。

吴良镛先生说过："一部城市建设史，也可以从城市设计角度来写，即写成了一部城市设计史。"可见，城市设计虽然是一门被人们刚认识不久的新兴学科，但是它却有着悠久的历史，拥有举世瞩目的优秀历史遗产。从这一点上讲，城市设计又是一个古老的学科，只是在社会发展到一定阶段之前城市建设对它的需求不及其他学科那么迫切，人们对它的认识也需要一定的过程。

随着城市的现代化进程，城市设计问题越来越突出。因此，现代城市设计逐渐为人们所认识，并发展成为一门独立的学科，日益受到人们的普遍接受和重视。

城市设计是以城市形体环境为研究对象，以设计学科的观点和角度来研究城市的发展及其发展过程中的形体环境问题的。因此，在讨论城市设计之前，我们首先对城市作一个大概的描述。

从城市发展的角度来理解，城市是社会与经济发展的集中体现。这一点我们可以借助于城市的文字含义来理解。早期的"城"和"市"是两个不同的概念，表现为两个不同的环境形态。"城"是防御性的概念，是为社会的政治、军事等目的而兴建的，边界鲜明，其形态是封闭的、内向的；而"市"则是贸易、交易的概念，是生产活动、经济活动所需要的，边界模糊，其形态是开放的、外向的。这两种初始的空间形态随着社会的进步和经济的发展变得丰富和扩大，并相互渗透，界线模糊，杂陈在一种新的环境形态之中，最终形成了内容多样、结构复杂的聚居形式——城市。

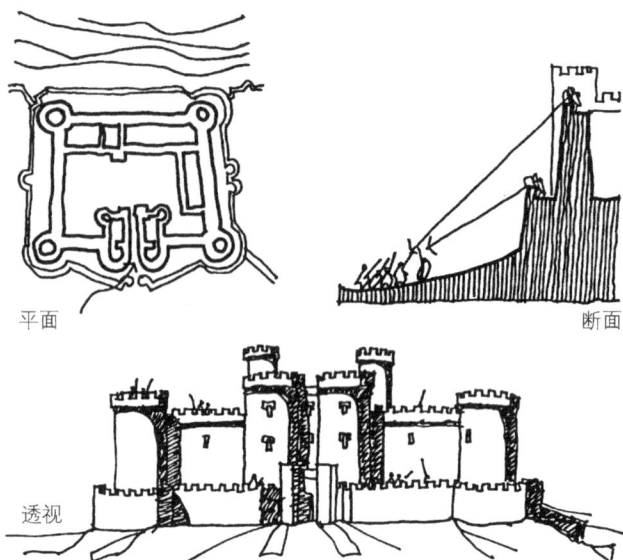

平面 　　　　　　　　　　　　　　　　　　　断面

透视

早期的城是防御的概念，其形态是内向的、封闭的　　　**欧洲典型的古代城堡**

就城市的形成过程而言，大体上可分为两类：一类是有规划的城市，即"自上而下"形成的城市；另一类是自由生长的城市，即"自下而上"的城市。

（1）自上而下

"自上而下"的城市是指主要按人的主观作用、思想观念、宗教信仰，或某一统治阶层的理想模式建设的城市。它通常以一种法定的设计准则，在严格的控制和要求之下进行建设实施。

"自上而下"的城市也被称为"人造城市"，它是一种控制机制下的建设方式，一般在集权统治的社会制度下"自上而下"形成的城市较多。

在城市形态方面，"自上而下"的城市表现着规则的用地、严谨的构图、鲜明的等级和全面的计划，几何形式很强。

在我国古代的一些城市中，特别是统治者所在的都城，一般是严格地按照"自上而下"的建设方式形成的。他们认为都城是"四方之极"、"首善之区"，所以特别重视都城建设，并立定典章，指导建设。

如《周礼·考工记》中记载的"匠人营国，方九里，旁三门，国中九经九纬，经涂九轨，左祖右社，面朝后市，市朝一夫"的都城建设思想，这一思想对各地诸侯的都城在规模、面积、城高、门宽、宫室及道路宽度等级上也作了严格的规定。这一"自上而下"的都城建设思想反映了统治阶级在物质和精神方面的需要，因此，为后来历代封建王朝所袭用，甚至

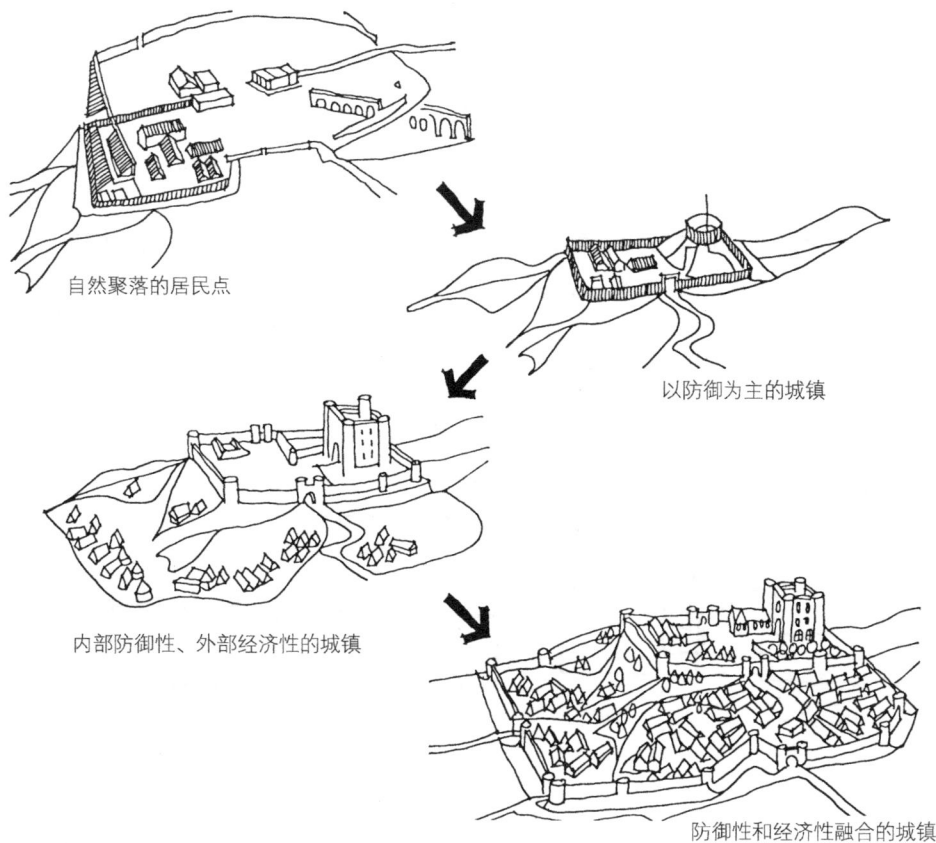

自然聚落的居民点

以防御为主的城镇

内部防御性、外部经济性的城镇

防御性和经济性融合的城镇

城市的演变过程示意图

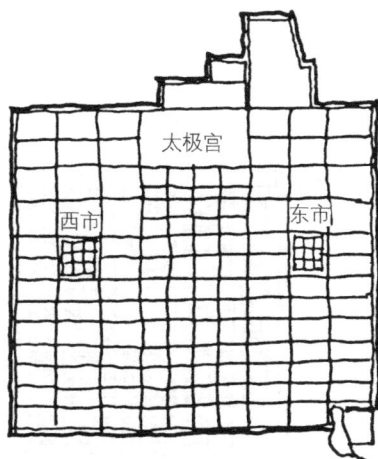

唐长安复原想象图

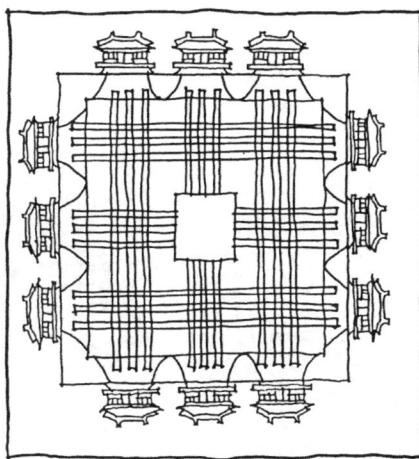

根据《周礼·考工记》所记载的周王城规划构想

3

我国古代的一些地方首府在建设时也采用这一模式。

北京城的规划设计充分表达和体现了我国古代城市设计的基本精神，将城市围以城墙，使城市有明确的边界，显著的序列中轴和伦理秩序。建筑高度与色彩的控制均蕴涵着中国传统文化、伦理的空间秩序观。虽经历了多年的历史演变，但基本模式一直被保存和延续下来。

在欧洲古代的城市中，特别是古希腊、古罗马和文艺复兴时期的一些城市，"自上而下"的城市建设模式也不胜枚举。

（2）自下而上

"自下而上"的城市是预先没有一个单一的目标和总体构想，主要是按自然或客观规律的作用，按发展的实际需要，多年叠合积累形成的城市，

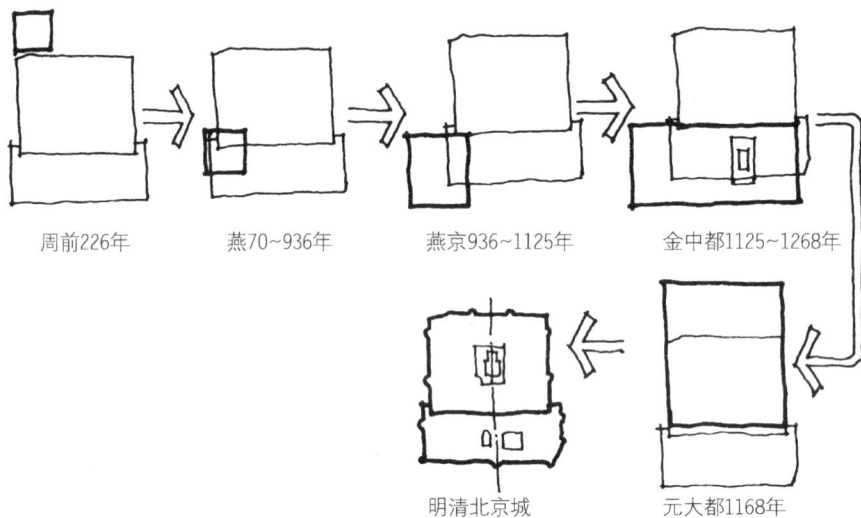

周前226年　　燕70~936年　　燕京936~1125年　　金中都1125~1268年

明清北京城　　　　　元大都1168年

北京城市历史的发展

文艺复兴的理想城市平面　　　　　18世纪的居住社区

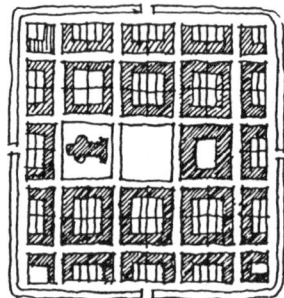

4

市政厅

教堂

滨水池

1000m

500m

0m

市场

公园

典型的街区

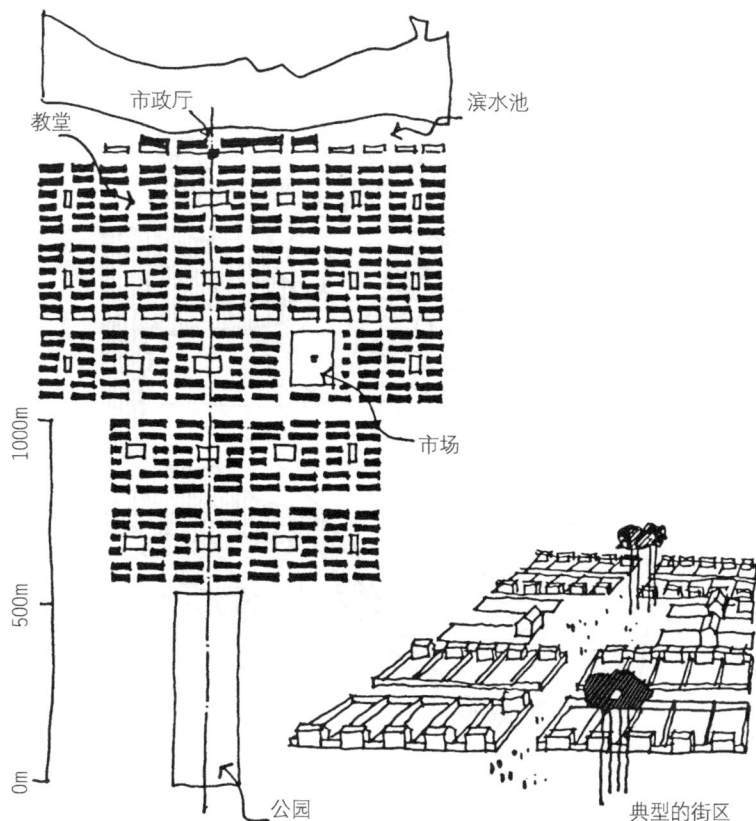

美国萨沃那市 1856 年的规划图

也被称为"自然城市"。其特点是在整体上没有或很少有人为影响，以发展需要、功能合理、适用经济、适合地域条件为准则，所以一般称之为"渐进的设计"。

　　这类城市一般以聚落为基础，从不自觉设计的自然村落发展到一定规模的城市。

　　但所谓"自下而上"也不是完全的自由发展，也受一定的人为、社会、经济和历史等因素的影响，个体建筑之间遵循某种约定俗成的法则。只不过是较"自上而下"来得更灵活，更具有适应性，但是也经过了一系列的设计。

　　在城市形态方面，"自下而上"的城市表现着灵活的用地、自由的构图、有机联系和随机应变。

　　虽然城市大体上有这两大分类，但大多数城市是两者兼有之，不是能够完全分得开的。特别是我国一些近现代新兴城市，由聚落式的村屯

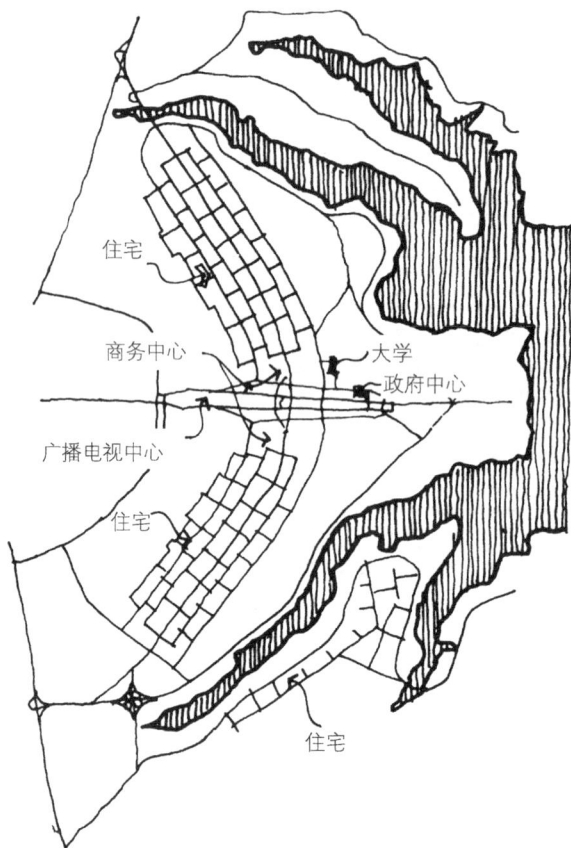

巴西新首都巴西利亚城市总平面图

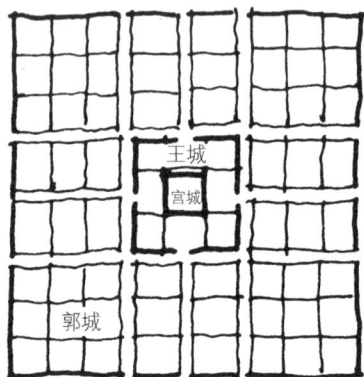

典型的中国城市形制

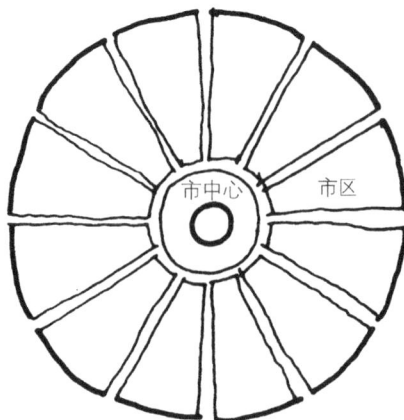

典型的欧洲城市形制

两种不同形制的"自上而下"的城市

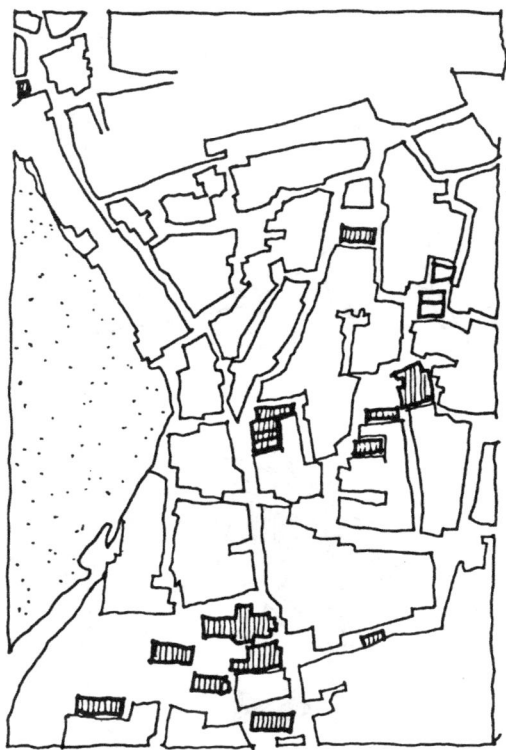

希腊迈克诺恩村平面图 ▦ 教堂　　　▦ 水面

"自下而上"逐渐发展，经过了一定历史阶段的发展和演变，形成了自身的体系和秩序。以后，这类城市的发展、规划与设计是以其固有的体系和秩序为前提，再发挥人为的作用，使之成为布局合理、功能齐全的现代城市。这类城市一般是"自上而下"和"自下而上"两者兼容并蓄，是符合特定条件下城市发展需要的。

　　无论如何，城市离不开设计。"自上而下"的城市在设计上的控制较严格，必须遵循特定的法则和模式；而"自下而上"的城市在设计上就显得灵活、自由，因地制宜和随机应变。

　　城市设计就是基于这样的假设，城市环境是能够被设计的，特别是现代城市尤其需要设计。无论哪类城市，只要经过良好的设计和再设计，其环境就具有"适居性"，反之不然。可见城市需要设计，也能够被设计。随着城市的发展，社会的进步，城市已经越来越离不开设计。城市设计学科也因此必然将得到发展和完善，因此，这门学科有着无限的生命力。

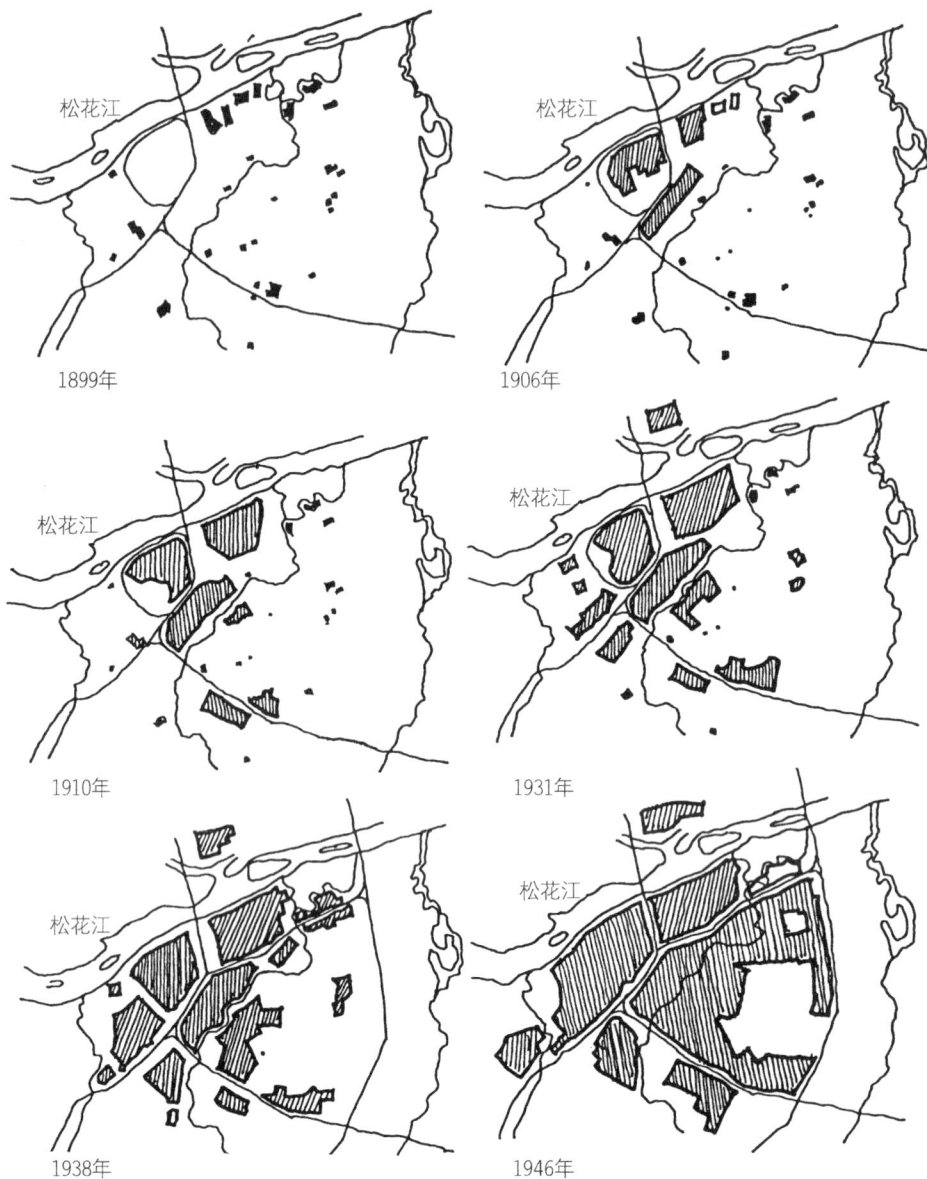

1899年

1906年

1910年

1931年

1938年

1946年

哈尔滨市城市历史发展

2. 设计

　　设计是从人类设计技能的本质出发探讨设计活动规律的科学。目前，"设计"一词被广泛地应用到各个领域，覆盖的范围非常广泛。正如美国工业设计家雷蒙德·罗维所述"从唇膏到机车"或今天的"从钢笔尖到宇宙联络船"的广大领域。

（1）设计的分类

按设计的目的分，设计可分为：a.通过视觉以传递人们各种信息为目的的传达设计；b.以实用功能为主体的产品设计，即以机械化批量生产为基础或运用高科技设计出使用者个别物质与精神需求的多品种、小批量、差异化的高附加值的设计，这类设计通常被称为狭义的工业设计；c.以构成人类生活环境为目的的形体环境设计。任何设计均应具有在艺术、创意与技能方面的共性，需要艺术与技术的结合。

（2）设计过程

概括地讲，一般的设计过程有以下几个步骤：

①问题的提出　进行设计活动就是要解决存在的问题。设计者首先要能够提出问题、发现问题，对问题的构成进行分析和把握，把问题分解，然后按其范畴进行分类，寻求解决问题的办法。

②目标的建立　在确定设计目标阶段，必须制作要素相关表，这些要素包括人的要素、技术要素和环境要素。研究各要素之间的关系，建立出明确、具体的设计目标。

目标建立以后，设计者应该围绕设计目标进行整体构想，这是一个艰苦的创造过程。要产生创造性的构想，需要设计者有一定的素质，如吸收力（观察和注意）、保持力（记忆和联想）、推进力（分析和判断）。

③分析与综合　所谓分析，即是阐明设计问题的要点，在要解决的问题中明确各种因素的层次，寻求各种因素之间的关系和可能的组合，以构成一个新的体系。

所谓综合，即是整理设计的必要条件，制定设计要点，对照设计目标

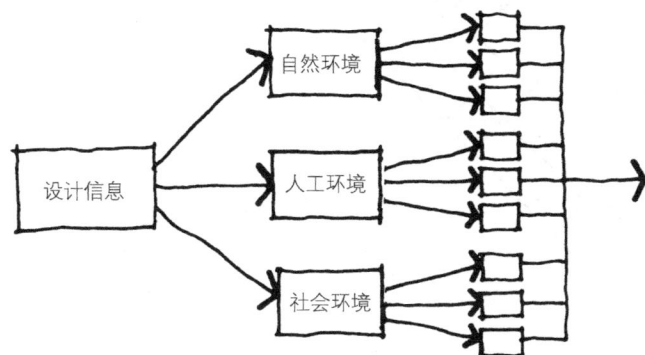

设计信息搜集与分解

9

和要点，对分析得出的可能性方案进行思考。将要解决的设计问题与可能性方案相结合，探求解决问题的新线索，提出新的设计轮廓，并作好下一阶段的设计构想。

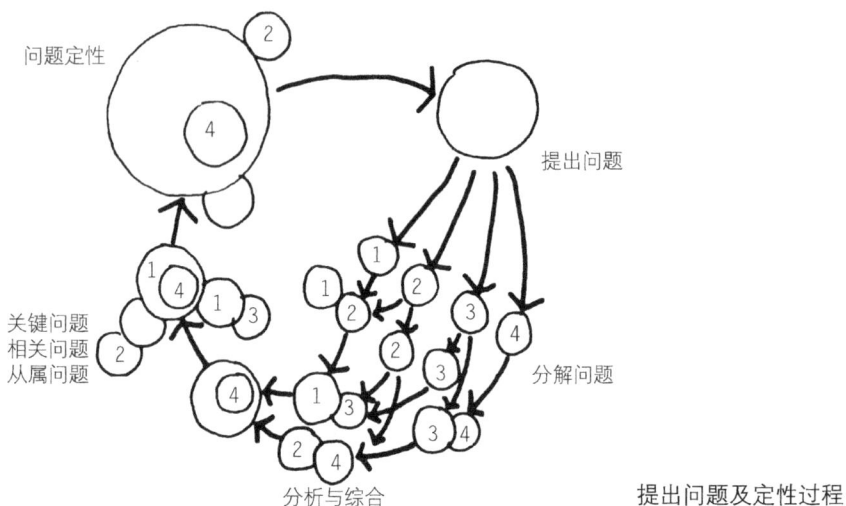

提出问题及定性过程

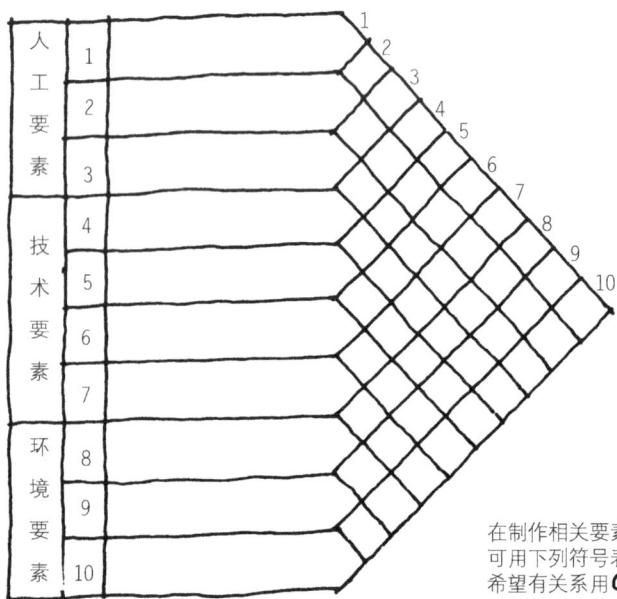

在制作相关要素表时，各要素之间的关系可用下列符号表示：关系最重要用◉表示；希望有关用○表示；没有关系用●表示。

相关要素表

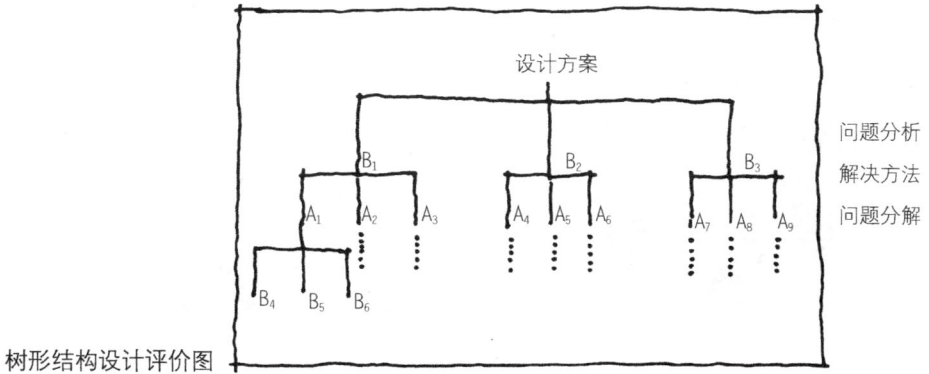

树形结构设计评价图

④设计的评价　通过设计评价把设计问题收敛到给定的限制之内，并从众多的设计方案中找出最佳的设计方案。

从"问题的提出、目标的建立、分析与综合到设计评价"是解决设计问题的重要步骤，也是按时间先后依次安排设计计划的科学方法，这一方法称为设计的程序。然而，以上几个步骤并非单一直线型的，实际上，随着设计工作的深入，每一个步骤作出的决策总是随新信息的获得不断地被修正，所以设计过程是一个决策——反馈——决策的循环过程。

（3）形体环境设计

形体环境（Physical Environment）是指大地空间中各种物质元素的组合所形成的可视环境。城市形体环境指城市范围内的可视环境，其建设大体上由三个部分组成：设计、管理和开发。其中所涉及的设计问题十分广泛，大多属上述设计分类的第三种。按城市建设的层次来划分，其中的设计学科可被分为城市规划设计、城市设计、建筑设计、景观建筑设计、室内设计和家具设计等。这些设计学科是相互依赖、相互影响、循序渐进、有机联系的学科体系，在城市建设中共同发挥作用，成为城市建设的"龙头"学科。

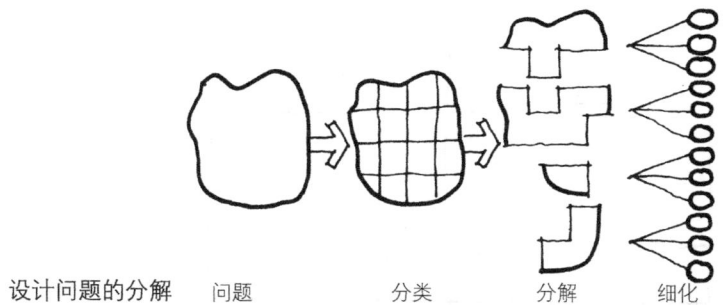

设计问题的分解　　问题　　　　　分类　　　　　分解　　　　细化

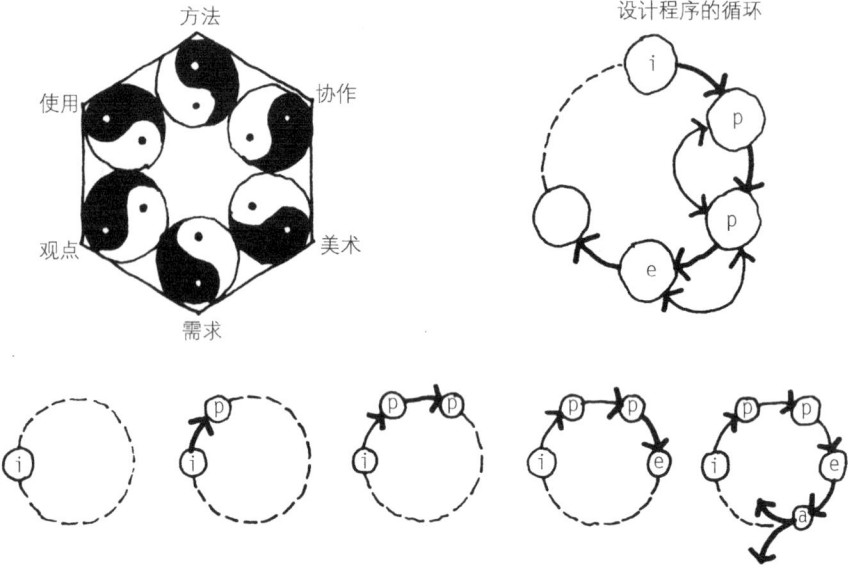

设计与设计程序

形体环境建设是对城市三维空间的营造。在人们建设城市的过程中，城市设计在形体环境层面上起着从二维的平面规划向三维空间过渡并进入实质建设行动的"桥"的作用。在这一阶段，城市设计有两个主要任务：一是城市设计成果的建构，结合城市建设的发展要求提出设计目标和构想，此时设计和管理交流得比较密切，是对城市整体问题的决策；二是城市设

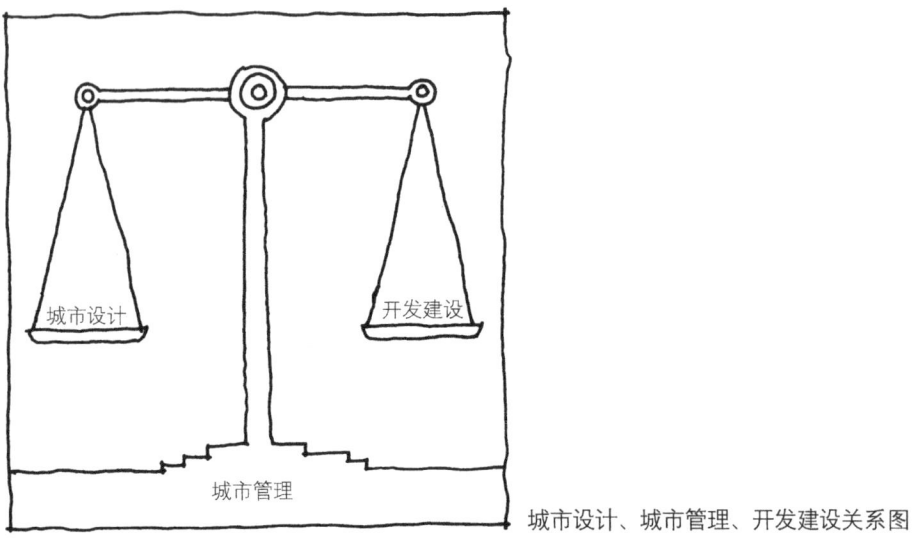

城市设计、城市管理、开发建设关系图

计成果的实施。城市设计成果作为一种法规性的地方建设条例，为开发活动提出要求和指导，同时也是管理城市建设的依据。此时管理和开发的交流比较密切，城市管理把城市设计的成果作为控制、要求和引导开发建设的"度量器"。

（4）城市设计概念综述

目前对城市设计概念的理解和表述多种多样，不同的专业有不同的认识，众说纷纭，各持己见。综观各家之说主要有以下几种观点：

①形体环境论　城市设计是从三维角度对城市形体环境的设计或对公共环境的设计。

②建筑论　城市设计是对空间秩序的创造，基本上是一个建筑问题，是大规模的建筑设计或是建筑学的扩展。

③规划论　城市设计是城市规划的一个阶段或一个分支，是城市规划的深化或具体化。

④管理论　城市设计是政府职能的一部分，是运用法律手段对城市的综合控制。

⑤全过程论　城市设计应贯穿于城市建设的全过程，是解决经济、社会和物质形式问题的手段。

以上对诸观点的梳理虽不够全面，但至少可以看出，城市设计是一个多学科渗透的领域，它所包容的范围很广，且尚处在未成熟的发展阶段．对它的全面认识还需要一个过程。目前，对城市设计下各种定义都为时过早，因此，本书不从对概念的定义展开讨论，而从讨论城市设计所涉及的相关问题开始。

应该提到的是：我们所讲的"城市设计"一词由"Urban Design"翻译而来，我们对这一单词的翻译与日本和我国台湾地区的翻译存在差异。对"Urban Planning"我们称之为"城市规划"，而日本和我国台湾地区则称之为"都市计划"；对"Urban Design"我们称之为"城市设计"，而日本和我国台湾地区则称之为"都市设计"。"城市设计"一词所对应的是美国城市设计理论家凯文·林奇曾经提倡但没被普遍接受的"City Design"。

以上的介绍对我们阅读和理解国内外有关城市设计的著述会有一定的帮助。

规划论

建筑论

全过程论

城市设计=?

形体环境论

管理论

对城市设计的几种认识

14

第二章　范围与特征

1. 范围

城市是一个极为复杂的综合系统，城市科学是自然科学与社会科学、基础科学与应用科学的有机结合，是以城市为研究对象的综合学科。

（1）相关学科

城市规划是城市科学的主要内容之一，它包括三个方面的内容：社会规划、经济规划和形体环境规划。

①社会规划　是通过对人口分布、社会生活、就业问题、社会活动等方面的组织与安排，提出一个完整的社会所需要的社会目标。

②经济规划　在西方，这一概念始于1930年，基本想法是对城市资源的有效分配，其对象主要包括产业结构调整、土地资源利用的合理性、地域开发的水平与强度等。

③形体环境规划　是在社会规划和经济规划的基础上，对城市形体环境所涉及的物质元素，如设施的分布、土地的利用、交通系统和空间形体等物质方面的具体布置与安排，其结果是对社会规划和经济规划的映射。早期的城市规划仅偏重于形体环境规划，包括城市发展规模和规划用地范围、城市各项用地划分、实际开发建设项目的布局与建设时序等。目前，它仍然是城市规划的主流，也可以说，它是城市规划工作的最后一个步骤。

在以上三项城市规划内容中，社会规划和经济规划是隐性的，是内在的，而形体环境规划却是显性的，是外在的。

从形体环境角度来说，建筑学、景观建筑学和市政工程学也是城市科学中的一员。它们是城市形体环境规划的深入和具体化，更多地涉及城市的形态和工程问题，其综合结果对形体环境规划有着积极的影响和反作用力。

——建筑学是研究建筑物及其环境的科学，其目的是创造融技术和艺术为一体的形体环境形态。在建筑设计研究中，有关建筑物的总体布局、外部形式与风格、体块、材料、色彩、建筑与建筑之间的关系等设计问题，

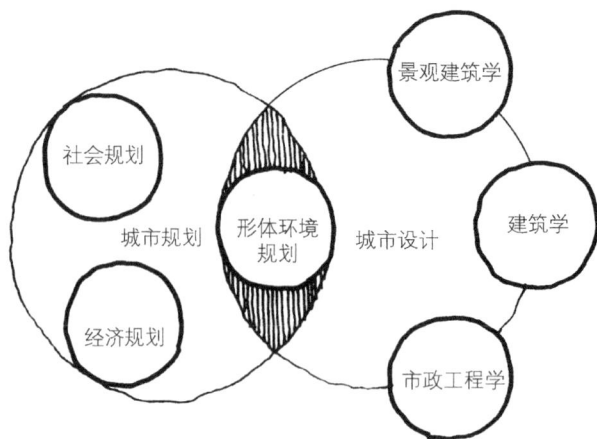

城市设计的学科定位

均涉及对一定范围内城市形体环境的整体构思。

——景观建筑学偏重于建筑外部空间的形体环境质量问题，是对外环境中人工元素和自然元素的布局与设计。其设计元素包括：外环境的功能组织、空间划分和地面铺装；建筑外墙的色彩、材料等建筑问题；环境艺术小品、街道家具——公共汽车站、路灯、广告牌、亭廊、坐椅、喷泉以及绿化种植等。

——市政工程学是研究为城市的生产和生活服务的各种工程设施的科学，包括地上和地下两个部分，如道路、给排水、垃圾处理、供热、电力电信、煤气等工程，它们为城市建设与发展提供着主要的基础设施，是城市建设能够顺利进行的基本保证。

城市设计是对城市不同层次形体环境的整体设计，这是一项综合性很强的设计，是合理地处理好城市的骨架空间、象征空间和目的空间，使之协调发展并得到艺术上的考虑。它把城市规划与建筑学、景观建筑学和市政工程学联系起来，形成实现城市总体规划目标的学科群，用法律条文的形式通过定性和定量控制，构成城市建设管理的控制机制，以便提高城市的环境质量和城市的生活质量。因此，它不仅有质的要求，也有量的概念。

从学科角度上讲，城市设计把城市规划、建筑学、景观建筑学和市政工程学四门学科融为一体，是一门多学科交叉渗透的综合学科。

比较起来，城市规划、建筑学、景观建筑学和城市设计有相同之处，也有不同点。城市设计是动态的设计，有不固定的委托人、不固定的用地界限、不固定的投资方；而城市规划、建筑学、景观建筑学是具体的设计，有固定的委托人、固定的用地界限、固定的投资方。在城市建设层面上，

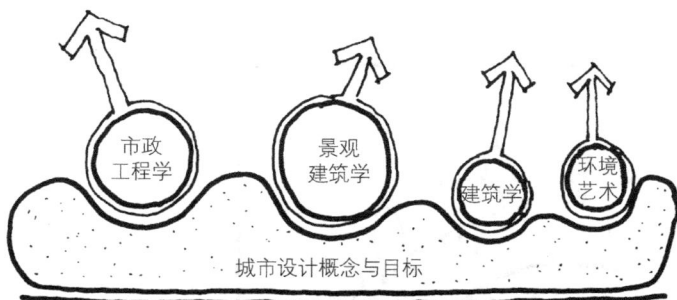

城市设计概念与目标

市政工程学、建筑学、景观建筑学、环境艺术的设计均应在城市设计的概念与目标基础上进行，共同实现城市环境质量的整体提高

城市设计及其相关学科的关系

城市规划主要回答的是"在何处建"（where）和"建什么"（what）；而城市设计除应对上述问题作进一步解释和落实外，还应回答"谁来建"（who）和"何时建"（when）；对建筑设计和景观建筑设计来说只需回答"怎样建"（How）的问题。

城市规划、城市设计、建筑设计／景观建筑设计比较表

	城市规划	城市设计	建筑设计／景观建筑设计
目的	对城市发展进行宏观控制	促进形体环境变化，提高环境质量	为修建活动服务
工作对象	以二维为主、社会、经济和形体环境相结合，具有计划性	以三维的形体环境为研究对象及对整体形象的把握，具有设计性	建筑物内外部空间／外环境空间设计，具有设计性
成果	战略性的政策、法规、规划方案，以文字为主，实行动态控制	战术性的政策、计划、方案、导则，实行动态控制＋引导	修建设计文件，以图纸为主，指导具体施工
实施时间	体现为发展过程，时间跨度大	体现为建设过程，时间跨度较大	在确定的时间
委托人	政府机构	政府机构、开发企业、多种委托人	开发企业、业主、建造主
参与者	规划师、政府官员、社会和经济学家	城市设计师、政府官员、开发商、建筑师／景观建筑师、城市居民等	建筑师／景观建筑师、使用者

可见，城市设计所涵盖的范围非常广，它不仅是一门社会科学，也是一门艺术。从另一层面上看，它是工学的，也是人文学的和美学的；它是

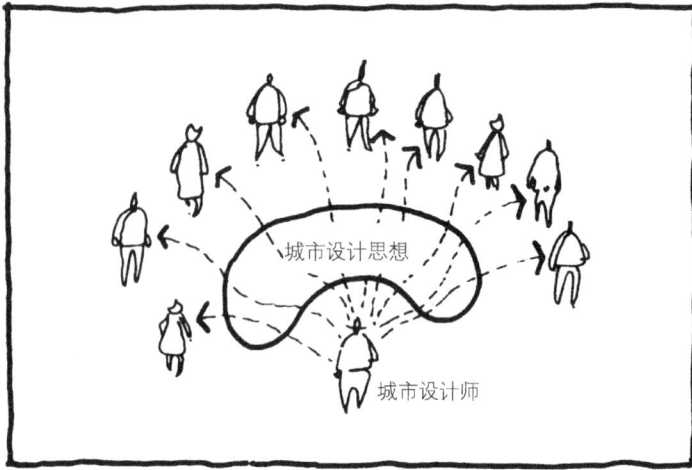

城市设计集群的交流
与合作

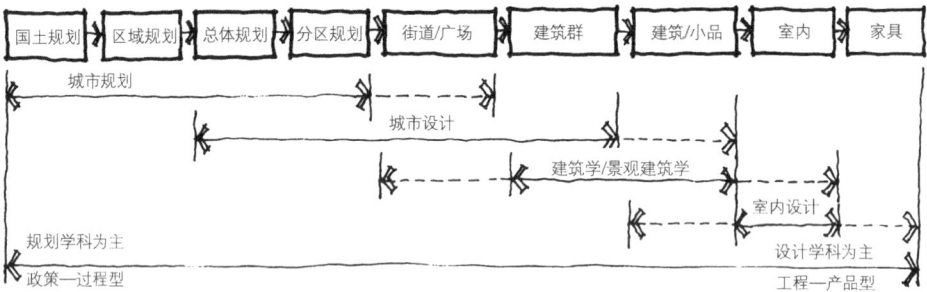

城市建设的学科层次

知性的，也是感性的。因此，对这一学科的研究应是"融贯的综合研究"（Transdiscipline），只有依靠这样全局性、长远性的研究，城市设计才具有指导城市建设的可操作性。

（2）城市设计立方体

通过以上的讨论，我们可以建立一个直观的、立体的城市设计概念模型，也可以称之为城市设计立方体。它以三维的形式形象地把城市设计的学科构成分为不同层次的形体环境设计和开发管理两个方面，加上支承城市设计的相关学科，分别用三个矢量方向上的平面表示出来，形成一个三维的立体模型。城市设计立方体的建立有助于我们对城市设计学科的认识与理解。

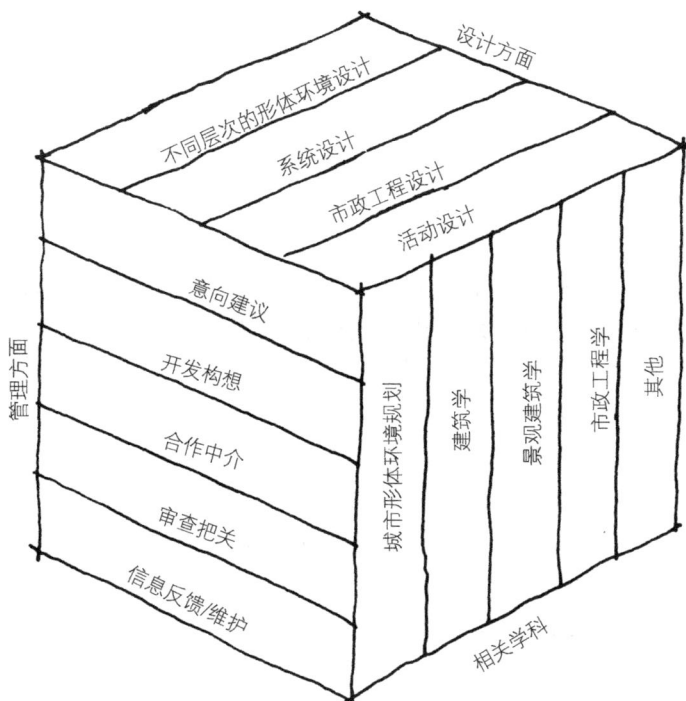

城市设计立方体

以下对这一立方体中的两个主要方面作进一步的解释。

①在设计方面

——不同层次的形体环境设计。包括从城市形体环境的整体规划设计到各个局部地段、大规模的建筑设计的一系列不同规模、不同性质的形体环境设计项目，这是城市设计的主体内容。

——系统设计。包括城市的总体格调，一系列环境产品、环境设施的艺术设计，如建筑风格和色彩、城市标牌、标志、雕塑、小品、街道家具、绿化、灯箱、广告等，这一设计也被称之为公共艺术设计。

——市政工程设计。包括公共环境范围内的城市道路、广场、交通和与环境质量相关的城市基础设施的布局与设计等。

——活动设计。这是近几年提出并越来越受到重视的设计内容，主要任务是对城市人文景观的组织、整理与提炼，包括与环境使用、城市特色、民俗风情和经济贸易相关的事件、活动和节日气氛的设计。

以上四项设计内容从不同侧面对城市环境从形体景观、活力等进行美学创造，这些设计成果交织作用，从而能综合提高城市环境的质量和艺术品位，满足人们在城市生活中的物质和精神的需求，增加城市环境的吸引力。

②在开发管理方面

——意向建议。是城市设计师用敏锐的职业目光审视城市环境，通过资料的整理、阅读、分析和评价，发现城市环境的内在价值和开发潜力，对城市建设活动提出开发建议、开发目标和市场预测，把握城市开发建设的脉搏。

——开发构想。对城市特定区域或地段作开发构想，在国外称之为预先设计，它是联系城市规划思想向城市开发设计过渡的"桥"。通过积极的预先设计，唤起人们对城市环境的认同和对城市建设目标的共识，可以启动、促成并影响城市设计活动的发生与发展，它对城市形体环境的形成与质量的提高有着决定性的影响。

——合作中介。这是城市设计活动在管理方面最关键、最艰难的工作，它是把城市预先设计的成果纳入法规体系中，以一系列政策和设计导则对城市开发工作相关部门的协调，如权力、金融、法律等等。通过这些工作，充分发挥城市设计集群的作用，实现城市设计目标。

——审查把关。在城市设计管理中，审查把关是保证城市开发建设法制化、科学化的重要工作，如成立各种专业审查委员会，通过专家系统对城市建设的各项决策和城市设计的弹性原则的把握作全方位的评价等，并通过公众参与来保证城市设计过程中各项决策的公开、公正和科学合理。

——维护建设档案。这是城市建设管理中经常性、基础性的工作，通过对城市建设档案的维护和更新，使之能够及时地反映城市的最新面貌。

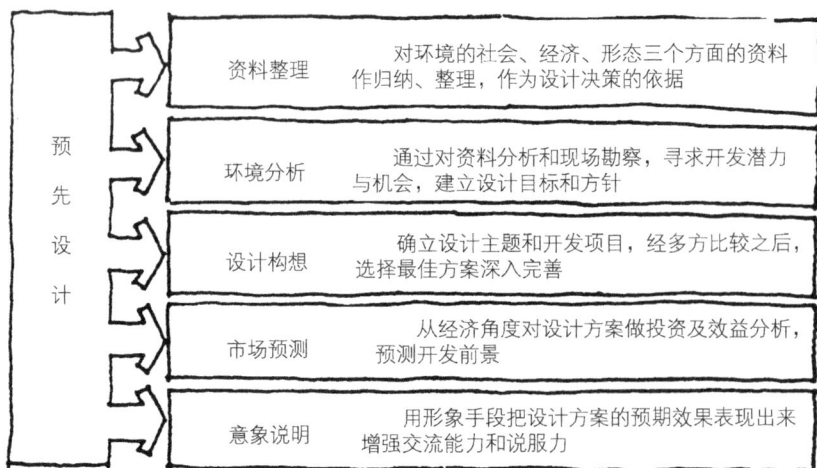

预先设计		
	资料整理	对环境的社会、经济、形态三个方面的资料作归纳、整理，作为设计决策的依据
	环境分析	通过对资料分析和现场勘察，寻求开发潜力与机会，建立设计目标和方针
	设计构想	确立设计主题和开发项目，经多方比较之后，选择最佳方案深入完善
	市场预测	从经济角度对设计方案做投资及效益分析，预测开发前景
	意象说明	用形象手段把设计方案的预期效果表现出来增强交流能力和说服力

预先设计成果的五个组成部分

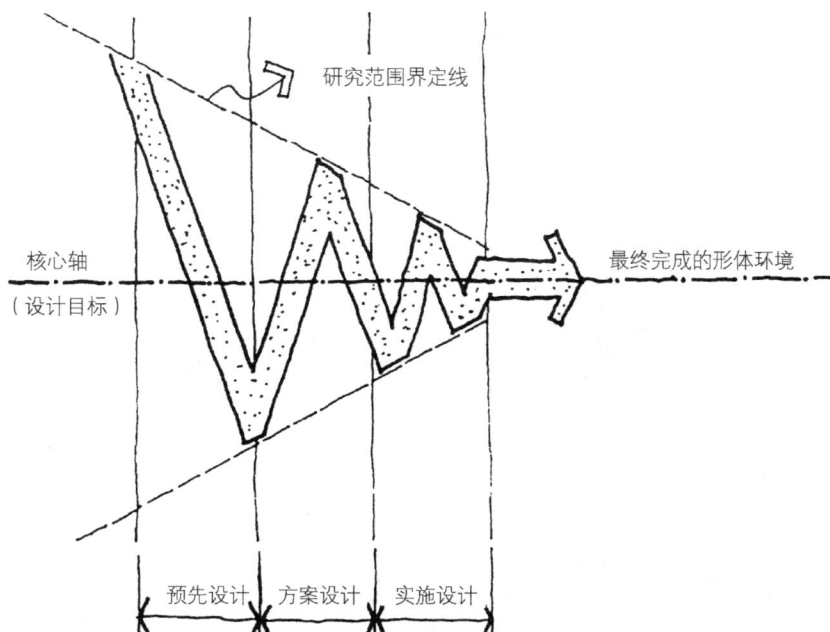

在市场经济条件下设计城市的三个阶段

有助于城市设计师对城市做持续研究，对每一新建项目给城市环境带来的
影响及时作出反馈评价，把握城市结构的内在变化所带来的新的开发机遇，
寻求新的开发意向建议。

　　从政府对城市建设管理的角度上讲，城市设计管理方面的内容可以说
是政府职能的一部分，主要任务是把握设计成果中的弹性原则，吸引投资、
促成开发，有计划地改造城市，发展城市经济。这项工作可以增强政府对
城市建设管理的主动性和计划性，应该给予足够的重视。

　　城市设计立方体的建立，使我们清楚地认识到，城市设计是由设计和
管理两个基本内容构成的融贯学科。在形体环境设计方面，城市设计是在
空间上对环境艺术形式的创造，它具有其他设计学科共性的设计规律。在
创作过程中，要求城市设计师有丰富的想象力，空间经营能力和运用图示
语言交流的能力。在管理开发方面，城市设计学科又表现出与其他设计学
科不同的特有规律，它要求城市设计师具有参与社会活动和管理城市建设
的能力，懂得国家政策、法律和开发经营。

　　（3）城市设计的层次

　　从空间层次上讲，城市设计跨越了从城市总体规划到修建性详细规划，
甚至街道家具设计的广泛领域。根据我国实际情况，大体上可以把这些领

域划分成整体城市设计和局部地段城市设计两个层次。

整体城市设计是城市总体规划的一个组成部分，它研究的是城市空间的整体布局，建立长远的城市可视形象的总体目标，以形成良好的具有特

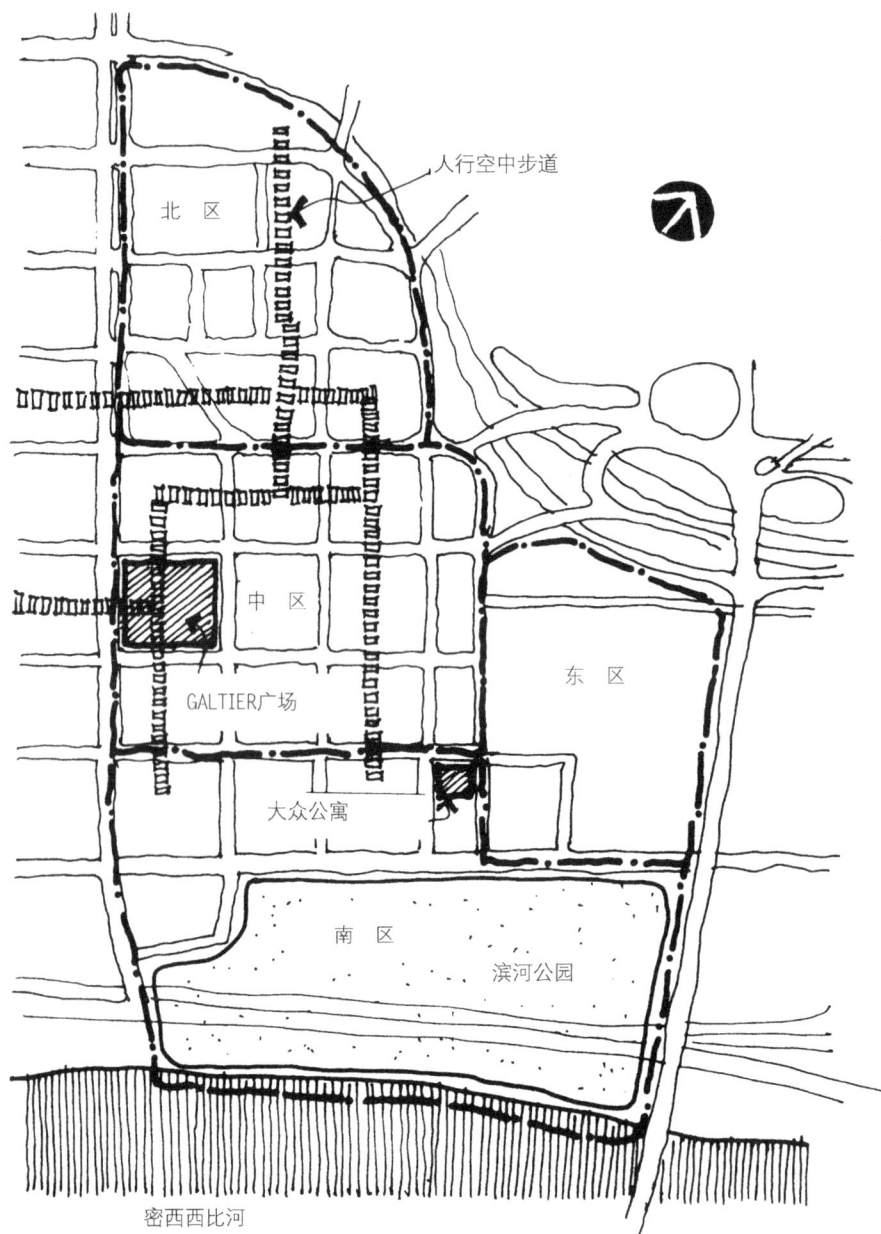

美国圣保罗市下城开发区平面图

色的城市空间发展形态与人文的活动框架。

局部地段城市设计是以城市总体规划和整体城市设计为依据，对城市局部地段，如城市公共中心、街道、广场、居住区、公共绿地、工业区等进行设计，对土地使用、空间布局、建筑体块、绿化、交通、市政设施、环境小品等从城市设计角度提出要求或设计。

不同层次的城市设计其设计内容也不尽相同。

①整体城市设计

——确定城市空间形态结构。根据城市自然地理环境及布局特征，结合城市规划要求的用地布局，建构出城市空间的整体发展形态。

——构造城市景观体系。从美学角度确定出城市不同景观特征的景观区、景观线、景观点和景观轴，为城市建设控制提供依据。

——布置城市公共活动空间。为城市生活提供物质空间条件，包括游憩、观赏、健身娱乐、庆典、休息、交往等，对这些空间的性质、内容、规模和环境位置进行布局，形成城市公共空间系统。

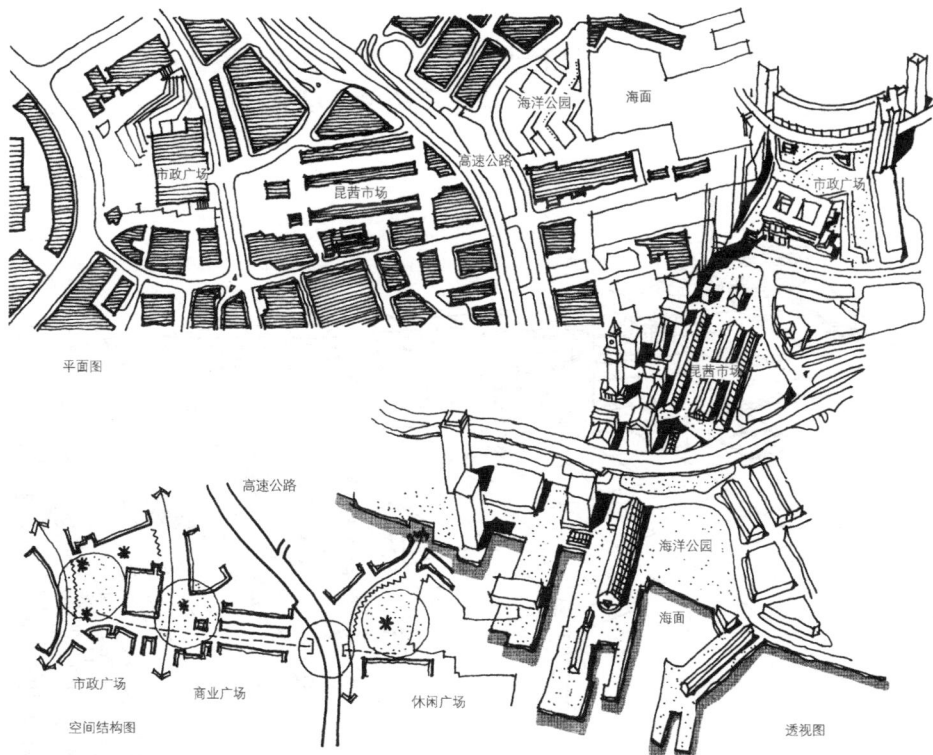

美国波士顿市"让城市重返滨水区"的公共空间系统

　　——设计城市竖向轮廓。根据城市的自然地形条件和景观建筑特征，对城市空间的整体轮廓进行高度上的分区，确定高层建筑群的布局、城市空间走廊的分布、自然地势和城市历史建筑的保护利用，形成有特色的城市景观轮廓。

　　美国费城中心区的城市设计控制。从高层建筑群、绿化、道路三个方面确定城市主要空间形态的分区和城市景观的主导元素，使城市竖向轮廓得到了有效控制。

　　——研究城市道路、水面和绿地系统。从城市空间环境质量的角度对城市环境中的以上要素提出要求，进行总体规划和设计，建立城市的自然生态系统和交通运输系统。

　　美国波士顿市 1892 年提出并实施的城市中心区的公园绿地系统规划，建立了几乎是连续的城市绿地系统，为以后花园城市的建设打下了良好的基础。

　　——提出城市色彩、照明、建筑风格、城市标志与建筑小品的基本格调，从塑造城市个性、特色要求出发，对以上内容作出进一步的构想，并形成指导性文件。

　　——组织城市的主要公共活动空间，对城市重点地段进行空间形态设计，提出粗略的构思方案和建议，为下一阶段的局部地段城市设计提出设

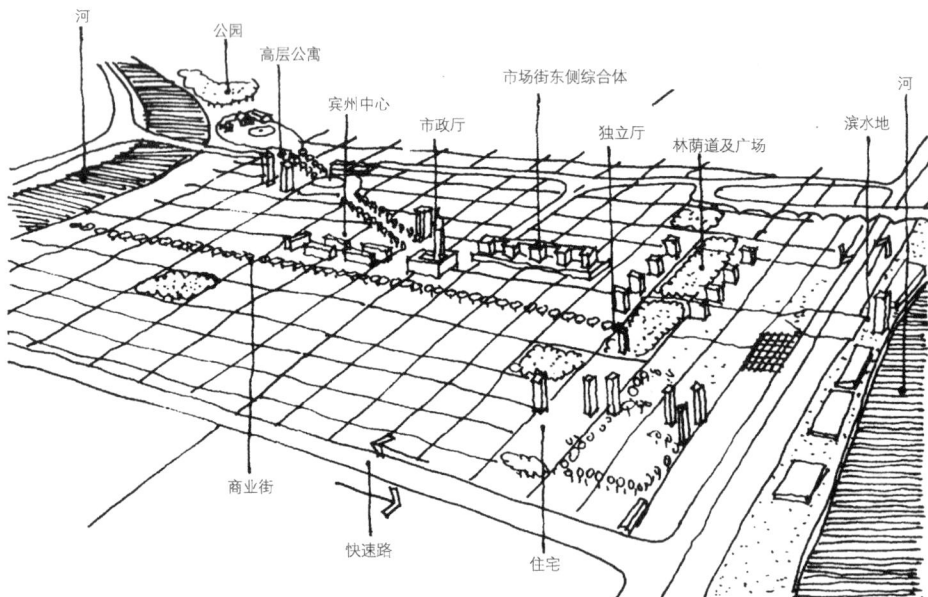

美国费城中心区整体城市设计

计指导。

　　②局部地段城市设计

　　　——建筑群体形态设计。

　　　——城市公共空间设计。

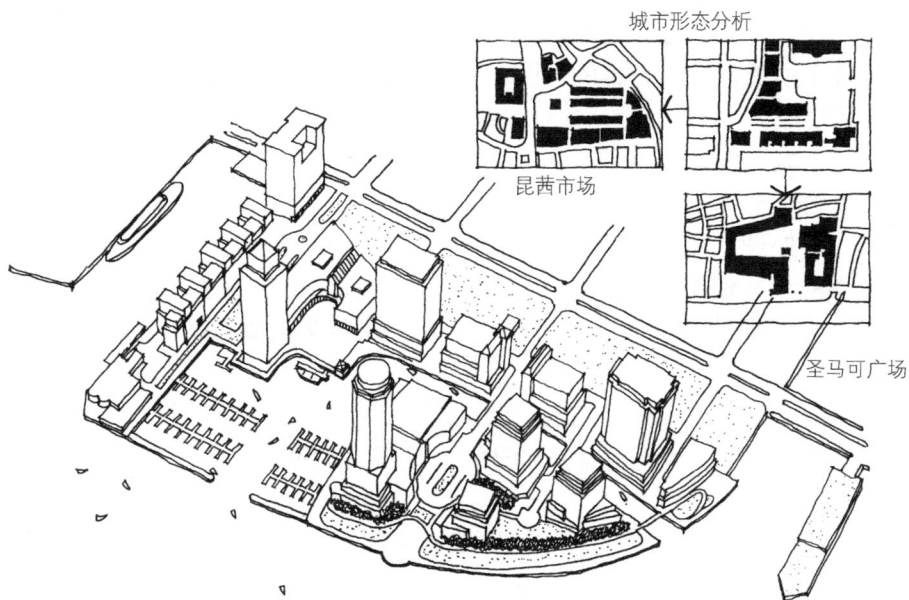

美国波士顿市滨水区扇形码头的城市设计

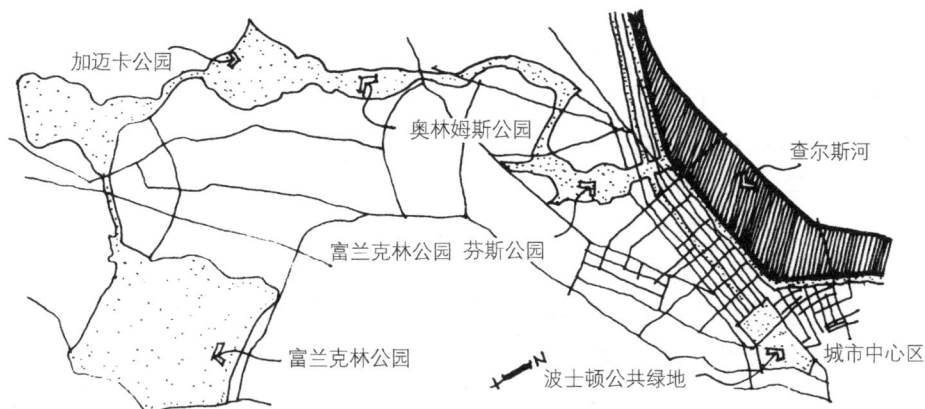

美国波士顿市公园系统平面图

——道路交通设施设计。

——绿地与小品设计。

——建筑色彩和建筑风格设计指导。

——城市照明设计。

——广告招牌和环境设施设计。

——个体建筑与环境设计。

综上所述，城市设计的范围大到一个城市，小到一幢建筑及环境，甚至环境小品。

（4）城市设计的内容

无论是整体城市设计还是局部地段城市设计，其工作内容主要包括：

——处理城市功能、城市空间骨架和城市环境质量。从三维的角度将平面的土地使用转化为立体的建筑布局、交通方式和基础设施的安排，理出一个清晰的框架，从而可作为控制、指导城市建设，开发与保护的原则。

——处理城市的景观元素。包括城市特色的保护与发展、新旧建筑艺术形式的融合、公共空间体系的建立、使用活动设计、考虑不同时间和季节的景观变化等。

——制定和执行城市建设开发管理政策。城市设计的成果完成，并经过公众参与和专家评审以后，将被作为地方法规指导城市建设。因此，城市设计成果有一个向法律文件转化和立法的过程。在城市建设过程中，城市设计师不但参与立法，还应是执法群体中的一员。

2. 特征

综上所述，城市设计有其固有的工作目标、工作内容和成果形式，这些特点使城市设计表现出许多与其他学科不同的特征，说明它是一门独立的学科，是对它所跨越的四个学科——城市规划、建筑学、景观建筑学、市政工程学的拓展和补充。

（1）空间向度特征

城市设计涉及的是对城市公共用地做三维空间的设计。

在城市用地规划中，大体上有两大类用地：一是特定使用人的用地，一般是私人用地或某团体用地；二是城市的公共用地，包括城市公园、道路、绿化和广场等。如果用一条道路红线或建筑红线来划分，城市设计所研究的范围是两条红线控制范围内的城市公共土地，"非任何人所拥有的土地"。从空间的角度上讲就是建筑物之间的空间，它们由建筑的体块和界面限定出来。

就公共土地而言，城市设计空间向度所包容的范围很大，处理着很复杂又很关键的空间尺度问题，尺度的差异往往影响城市设计师解决城市问题的对策与方法，因此，是城市设计中非常重要的问题。

所谓尺度，是空间或物体的大小与人体大小的相对关系，是设计中的一种度量方法。城市设计所提及的尺度可狭义地定义在人类可感知的范围内的尺度上。一般把这一尺度分为三类：一是人体尺度，是以人为量度单位并注重人的心理反应的尺度，是评价空间的基本标准；二是小尺度，是一种亲切尺度，很容易度量和体会，是可容少数人或团体活动的空间，如小公园、小绿地等，给人的体会通常是亲切、舒适、安全等；三是大尺度，是一种纪念性尺度，其尺度远远超出人对它的判断，如纪念性广场、大草坪等，给人的体会通常是雄伟、庄严、高贵等。

现代城市由于科学技术的发展，城市空间日趋扩展，所面临的尺度问题可谓"前所未有"，更需要城市设计师慎重把握。

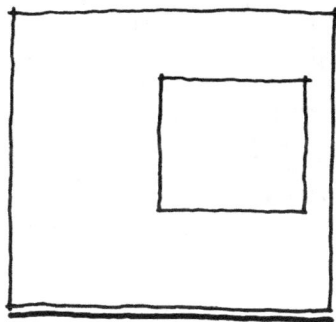

无尺度感

人体尺度

尺度及尺度感

大尺度

小尺度

（2）时间向度特征

城市是历史积淀的结果，在它的形成和发展过程中，总是不断地更新，它的空间与建筑总是不断地新陈代谢。意大利的圣马可广场从公元 9 世纪到 18 世纪，历经了多次改造和增建，但每次都维护了广场的和谐和统一，是若干人共同营造的杰作，经历了长期渐变的过程。

城市设计关心的是较长时间内城市形体环境的变化，这一点与城市规划比较类似。城市设计师不把眼光注意在个体建筑的细部处理上，而视建筑为体块，注重建筑物的组合形式及组合形式对空间的作用效果，从不同时间内环境的演变过程来分析和研究形体环境的构成形态。所以，

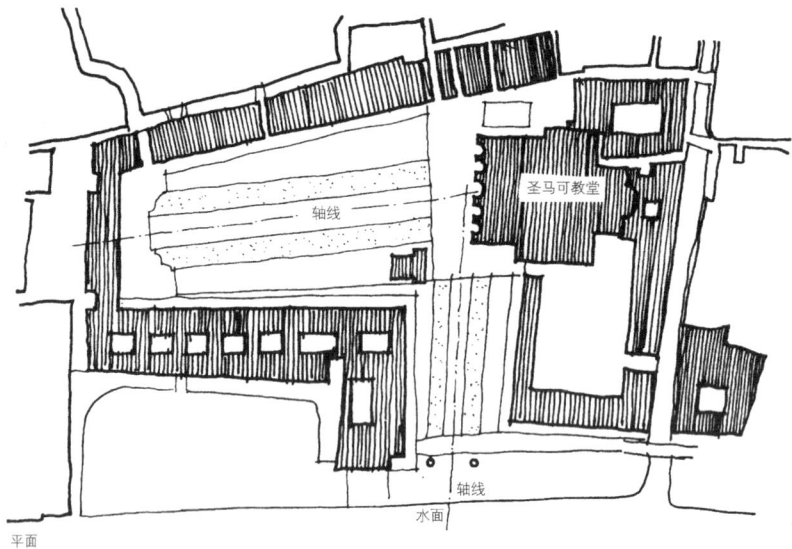

平面

意大利威尼斯圣马可广场

局部立面

对城市环境既从整体上考虑又有阶段性的分析，在环境的变化中寻求机会，并把环境的变化与居民的生活、感受联系起来，与城市景观的构成联系起来。

城市设计的阶段性特征也被认为是渐进过程，也就是说应该为以后城市建设的修改、补充和完善留出足够的余地。

美国城市设计师培根针对城市设计的这一特点，提出了"下一个人的原则"的设计思想。贝聿铭先生也说过："我们只是地球上的一个旅游者，来去匆匆，但城市是要永远存在下去的。"目前常提到的"紧凑设计"、"持续开发"均是这一认识的反映。

（3）人与环境特征

城市空间的服务对象是空间的使用者，因此城市设计师必须研究城市空间中人对环境使用的模式及环境变化对这一模式的影响，了解多数人的行为和心理及他们对空间的反应与评价，以此作为城市设计的依据和评价标准。

（4）多顾主特征

在城市设计的全过程中，总是有许多人直接或间接地参与和卷入，这可能是个人的、团体的，也可能是公众的。这些人代表着不同的利益，有着不同的价值观，对城市设计活动的参与有着不同的目的和希望。因此，从某种意义上讲，城市设计成果的形成与实现是争取公众理解和支持的过程。

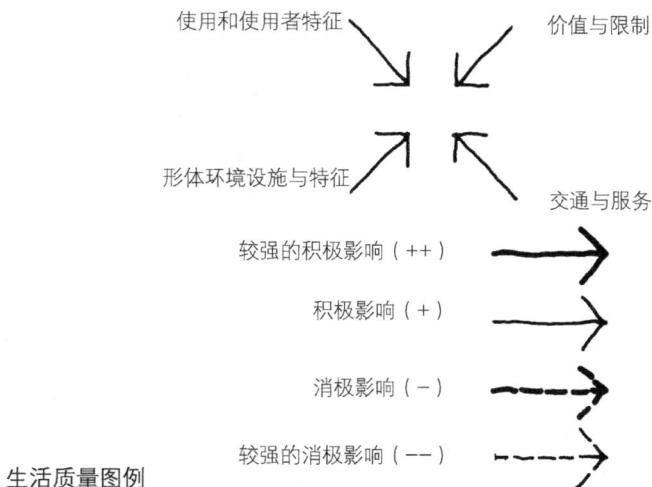

生活质量图例

城市质量元素评价

		状态	设想	备注
使用和使用者特征	综合评价	行人、公务员、老人、学生、售货员	增加游客	
	使用者构成	交易、看人、会朋友、消遣、休息	限制某些使用	
	使用者和行为活动	手工艺品、服装、食品、银行	手工艺品质量应提高	
价值与限制	商业活动	允许六个售货车	人行道拥挤	哈佛大学最初希望售货亭
	法律限制	售货车受到当地人喜欢	没变化	
形体环境设施与特征	社会价值	噪声、阴影、空气污染	空气质量可接受	在这一地段最好
	微环境	0.5~2m	没变化	
	尺度宽带/高度	砖、大理石、混凝土板	没变化	
	材料	坐椅、平台、灯柱	没变化	
	街道家具	六棵大树	没变化	
交通与服务	植被	大		由于合流增加交通阻塞
	人的密度	大	车行限制增长	
	车的密度	无影响	没变化	
	货流	每年低于7次事故		
	事故与阻塞	无	没变化	
影响	公厕			

（5）多专业特征

在实际工作中城市设计项目的设计人是一个多专业的集群，城市设计师一直是这个集群中的一员，是以这个集群中各个学科专业的技术团体的中间人和代理人的身份出现，他的思想方法、工作技能与工作模式和其他专业的设计人员不同。由于城市设计涉及的学科较多，城市设计师不可能

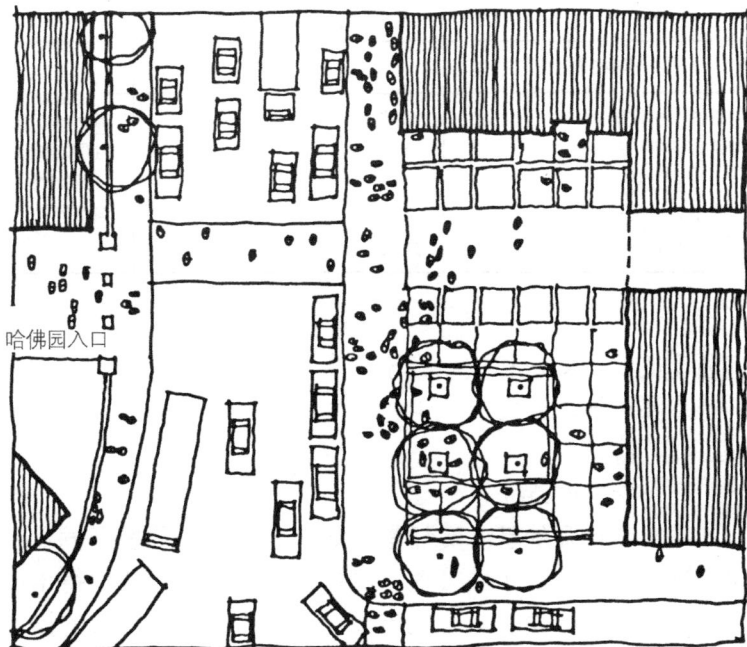

美国坎布里奇市
城市设计对哈佛
广场行为活动的
调查与评价

哈佛园入口

平面图

人行道

人行横道

街头叫卖

街头表演

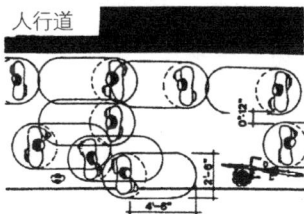

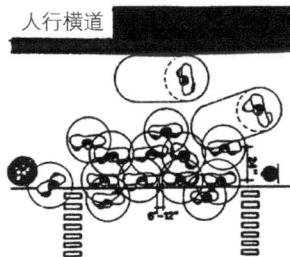

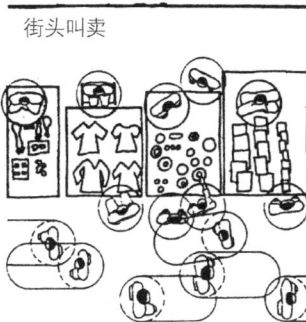

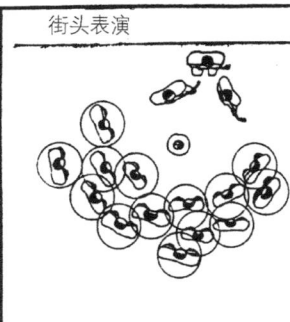

美国坎布里奇市
哈佛广场城市设
计对人的行为活
动分析图

城市设计的不同利益群体

公共方面	私人方面	民间组织
市长、市议会	开发商	城市保护组织
城市管理机构	地方企业	社区小组
城市规划部	经济开发公司	民间团体
城市各有关部门	规划部	各基金会
新闻媒介	建筑师	市民

把所有的专业知识和技能集于一身，他的基本技能是了解每一门相关学科的特点和局限，在几个学科之间建立沟通与联系的"桥"，以形成一个有效的工作集群。

（6）指导性特征

城市设计师的基本责任是指导不同阶段的环境开发活动取得理想的结果。这些结果体现了由公众、雇主和专业人员参与后得出的在社会、经济和美学方面的结论。对于城市设计师来说，具备扎实的设计功底无疑是重要的，但具备促成和推进设计活动的开展和实施，对城市设计的概念、目标有准确的判断力也同样重要，这样才能有效地设计和管理城市。

城市设计的指导性作用是对开发方案提出控制性和指导性的设计导则和社会评价，为建筑师、景观建筑师、市政工程师提供工作依据，对他们工作的社会价值作出科学的论证、评价和实现。

第三章 缘起与理论

1. 缘起

"城市设计古已有之"，它的兴起、发展直至成为一门独立的学科是城市建设发展到一定阶段的结果。它是在传统的城市规划、建筑学、景观建筑学和市政工程学四门学科基础上形成和发展起来的新兴学科。以下就城市设计的产生和发展作一个粗线条的回顾。

（1）西方的城市设计

从古代亚洲、古希腊、古罗马时代开始，当人们开始定居、形成聚落时，就有了安排自己的房子和聚落布局的意识。其形体环境就有了"形"和"模式"的存在。

从古希腊的雅典卫城、古罗马的帝国广场，到中世纪锡耶纳的坎坡广场、威尼斯的圣马可广场，从我国《周礼·考工记》的都城建设制度到唐长安城、明清北京城，东西方漫长的城市发展历程给我们留下了许多至今赞叹不已的优秀城市设计遗产。

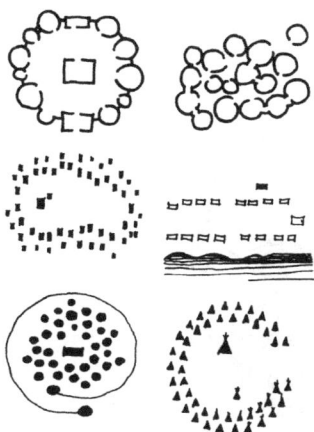

早期游牧民族的聚落形态　　意大利锡耶纳的坎坡广场

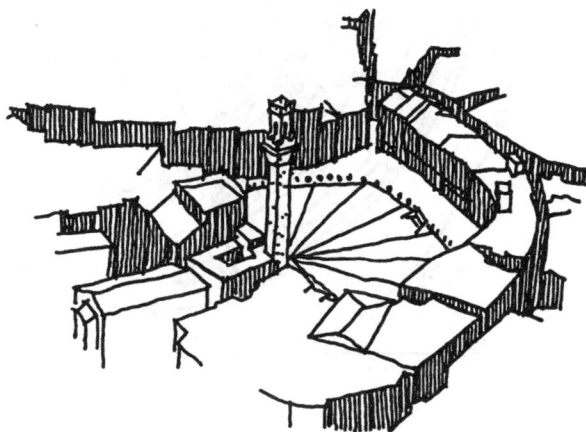

　　然而，当时城市设计学科还没有被认识和单独起作用，直到 19 世纪，城市规划还只是建筑学的一个分支。

　　19 世纪末，奥地利建筑师与城市规划师卡米罗·西特出版了《城市规划的艺术原则》一书，他总结了古代城市广场、街道等城市设计的经验，针对二维平面的规划问题，提出了城市空间设计的概念，并提出了针对人体尺度的设计技术原则。这一理论的提出对城市设计思想的建立产生了很大影响，被认为是西方城市设计学科的先驱。

　　1898 年，英国社会学家霍华德提出了"田园城市"的设想，其构成的基本空间是一个同心圆模式，其中心部位是中央公园围合的公共建筑中心，以放射状的林荫道向外延伸，中间划分各个分区，同时以环形道路将各个区联系起来。"田园城市"的概念对当时新城建设起到了积极的作用。

　　在美国，19 世纪末由丹尼尔·伯纳姆主持的"城市美化运动"是美国较早的大规模城市设计实践活动。"城市美化运动"不仅是建设中心公园、街道广场和改善城市景观，而且主张整体性城市规划设计观。对整个城市交通系统，公园与公共开放空间系统，社区建筑群布局等综合

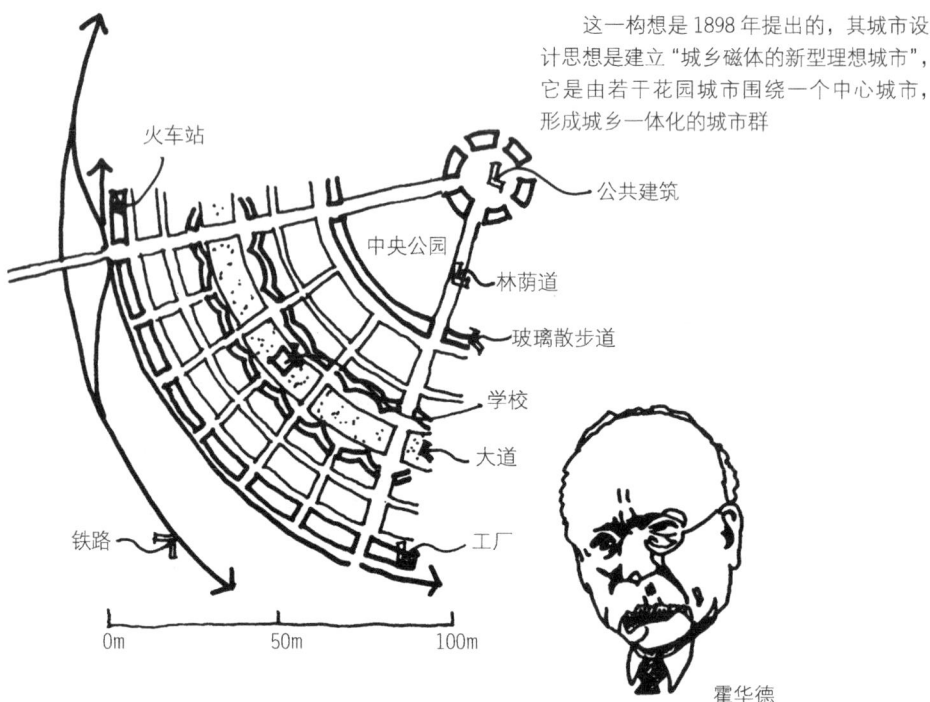

这一构想是 1898 年提出的，其城市设计思想是建立"城乡磁体的新型理想城市"，它是由若干花园城市围绕一个中心城市，形成城乡一体化的城市群

火车站
公共建筑
中央公园
林荫道
玻璃散步道
学校
大道
工厂
铁路

0m　　50m　　100m

霍华德

英国社会学家霍华德"明日的田园城市"的构想

规划、通盘考虑，同时呼吁政府对城市美化运动予以立法。从此，美国产生了城市规划专业和职业，并于1916年在纽约市产生了美国第一个区划法（Zoning）。

1922年，勒·柯布西耶提出了"明天的城市"的构想，接着先后又提出法国巴黎的"邻里计划"和"光辉城市"的方案。这三个理想城市设计展示了他对现代城市的伟大构想，主要目标是疏散中心城市，增加建筑密度，改善城市交通，并通过建设大面积绿化来改善城市的自然环境。

20世纪初期，首先在英国出现了与建筑学分离的城市规划专业。1914年，英国成立了城市规划协会，独立于建筑学会等四个组织之外。

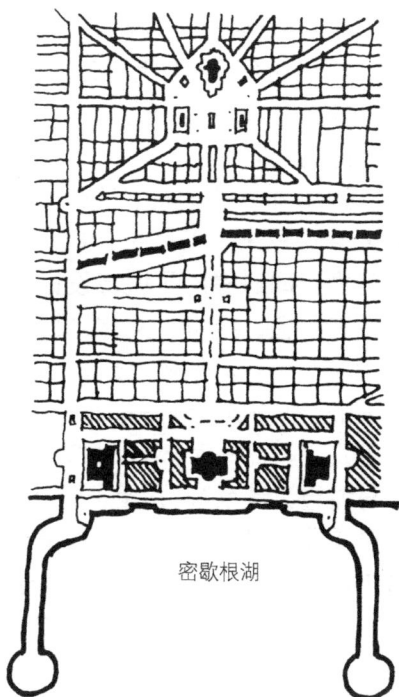

密歇根湖

1909年美国芝加哥市中心区的规划方案

勒·柯布西耶

现代建筑大师勒·柯布西耶"明天的城市"的构想

这一构想是1922年提出的，其城市设计思想是在300万人口的城市里，采用对称、规整的道路网格，市中心布置24幢高层建筑，城市绿地占85%，被称为理想城市

尽管城市设计的内容和城市本身一样古老，但城市设计一词却出现得较晚。20世纪20年代，美国建筑师学会（AIA）下面成立了第一个"城市设计委员会"，并发表了一系列研究论文。尔后，城市设计引起了建筑师和规划师的共同关注。

1943年，美国著名建筑师、规划师沙里宁出版了名著《城市——其发展·衰败与未来》一书，在书中他肯定了20世纪初兴起的城市美化运动的努力，同时提出了城市设计的概念与原则，认为应该把城市形体环境设计放在社会、经济、文化、技术和自然条件等方面中加以考虑，以创造良好的城市环境。他还提出自由灵活的设计，提高建筑的表现力，注重建筑之间的空间构成原则等。

几乎与此同时，由沙里宁主持创建的匡溪艺术学院的建筑系更名为"建筑与城市设计系"，并授予研究生"建筑与城市设计"硕士学位。但是，在城市美化运动的影响下，匡溪艺术学院由于沙里宁的去世，不久便取消了城市设计的内容，使得这一倡导很快夭折了。

1960年，美国哈佛大学率先设置独立的城市设计课。20世纪60年代末，英国也开设了此课程。尔后，各国院校的城市规划系、建筑系和环境设计系都设立了类似的课程。

自20世纪50年代以来，在实践的基础上，城市设计开始在美国及欧洲的一些学校推行，在理论上开始活跃和发展。其主要代表作有：

——1956年，美国建筑师学会出版了《城市设计》一书，此书于1982年再版。再版书中认为："城市设计并不是一个新的领域，而是一个应该被恢复的领域，只是因为过去在概念上的割裂。今天我们不得不使用城市设计一词，以免其被忽视或丢弃。"

——1960年，美国城市设计师凯文·林奇出版了他的成名之作《城市印象》一书。接着美国社会学家简·雅各布斯出版了《美国大城市的死与生》一书。

——20世纪70年代，美国的城市设计领域更为活跃，当时一位颇有影响的人物是纽约市的乔纳森·巴奈特，他发表了"作为公共政策的城市设计"一文，并在此基础上扩展成《城市设计概论》一书。在书中他提到城市设计是"设计城市而不是设计建筑"的城市设计观点，强调城市设计不仅是空间设计，也是塑造城市的过程。他的理论在沙里宁的基础上又前进了一步，至今城市设计是"设计城市而不是设计建筑"这句话还一直被学术界广为引用，几乎成了人们理解城市设计的"至理名言"。

——20世纪80年代，美国规划师米哈德·雪瓦尼出版了《城市设计

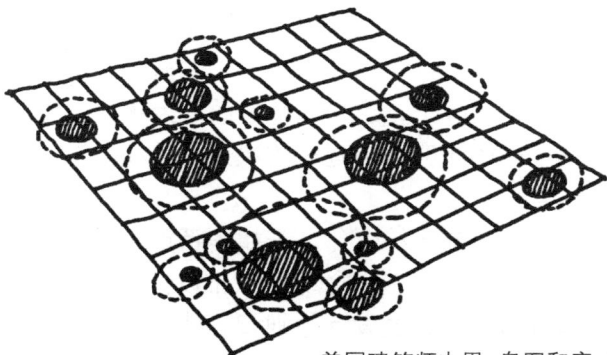

美国建筑师韦恩·奥图和唐·洛干的"城市催化理论"图示

过程》一书，提出城市设计应包括三种不同的类型，即综合开发、城市保护和住宅区改造，并从设计过程的角度全面讨论了设计元素、技术和区划法等问题，使城市设计更为系统化和综合化。

——20世纪80年代末，美国建筑师韦恩·奥图和唐·洛干共同出版了《美国的城市建筑》一书。该书从美国的实际情况出发，提出了"城市催化"、"可用元素"的概念与理论。认为一项独立的建筑物、城市设计项目，一个计划或一项政策都会带来与之相关的影响，进而会影响城市开发的导向和城市形式的改变。这一理论促进了人们把城市设计与城市开发、城市管理整体联系起来，把显性的开发建设和隐性的对城市结构与经济的影响联系起来。

美籍华人建筑师贝聿铭先生在进行波士顿市政厅广场的设计时，也提出并运用了类似的观点，使广场的设计更具有整体性，带动了周围环境质量的提高及经济的繁荣。

在实践上，城市设计也取得了长足进展。一些城市在政府的城市规划中正式成立地方性的"城市设计小组"，执行城市设计的具体工作。1964年，美国的纽约市大力推行城市设计，把它作为一种新的政策以改进城市环境。20世纪70年代，旧金山市制定了"城市设计总图"，费城中心区也做了创造性的实验。城市设计思想的发展在所有的城市已开始渗透到城市的区划法中。

从学科发展来看，20世纪60年代以后，城市规划专业范围不断扩大，从二维的平面形式规划发展到由社会规划、经济规划和形体环境规划三方面内容组成。这样，与建筑学密切结合的城市规划学科日趋向社会科学和人文科学靠近，其研究重点由重视显性的形体环境到注重与隐性的社会与经济规划的结合。

在美国，20世纪70年代后在"城市设计"和"广义环境"的基础上出现了"城市环境设计"（Urban Environmental Design）的概念，从字面上理解似乎是对环境问题的关心，实际上，这是以地方政府为主体的城市建设管理者从公共管理角度提出来的研究城市建设的决策过程和方法，整体协调城市建设问题的综合性学科。

如今，城市设计的研究越来越趋向于综合化。正如美籍华人城市设计师卢伟民所说，城市设计"已超过了以往的专门领域"，城市设计成果也"必须是远远超过公式化的表格和分布图，超过设计原则和设计审查的东西"，城市设计师"对政治和社会经济的理解，也十分重要"。

（2）我国的城市设计

历史上，我国的城市设计的思想方法和基本内容一直贯穿在对城市的营造活动中。我国的城市规划学科起步较晚，最初来自于西欧的城市规划学科，"城市总体规划"一词一般认为是从英国20世纪40年代的"Master Plan"一词翻译而来。当时它的主要工作内容是用地安排，也包括近期建设的用地规划，而"城市详细规划"一词则更多是由我国规划界在20世纪50年代提出的，主要任务是对城市近期建设范围内各项建设项目制定具体设计的依据。

新中国成立以后的20世纪50年代，城市建设几乎照搬了原苏联的城市规划模式，这种模式集中体现了计划经济下的规划原则，计划和规划为一体，规划从属于计划，城市规划的每一个层次，无论是总体规划、分区规划、详细规划，甚至是建筑设计，均在集中的计划下指导进行并完成。整体上基本形成了连续的一条龙的建设体制，城市建设过程纯粹表现为一种高度的"自上而下"的政府行为，城市设计的基本内容始终贯穿于城市规划的工作之中，没有被明确地提出并独立出来。

改革开放给我国经济体制所带来的变化是根本性的，就对城市建设的影响而言，有以下两个方面：一是建设资金由原来的国家单渠道投放变为由国家宏观调控，集体、个体、外资和合资等多渠道的资金投入；二是城市土地的有偿使用，建筑作为商品进入流通市场，城市建设率先步入了市场化阶段，城市设计活动对社会经济的影响越来越大，如建设资金要靠筹集和吸引，土地使用要预测经济效益，确立项目要研究市场，开发过程需要法律保护等，传统的城市建设模式受到市场经济和公众意识的全面冲击和挑战。

与此同时，产生并发展于西方市场经济下的城市设计学科开始引入我国。20世纪80年代后期，城市设计问题在我国提出以后，很快受到了规划界和建筑界有识之士的积极倡导和推进，经过十几年来的理论研究和实践探索，初步建立了适合我国的城市设计理论体系和实践经验，至今对这一学科的研究方兴未艾。

目前，城市设计的目的主要有：

——通过城市设计，使城市建设适应市场经济环境，为多渠道投资提供和创造投资环境。

——通过城市设计，保证和提高城市公共环境质量，满足人们对城市生活的增长要求。

从发展趋势上看，我国的城市规划法颁布以后，积极倡导城市设计，补充、完善和发展我国现有城市建设体制，有助于城市管理法制体系的建设，使之向科学化、法制化迈进，对我国城市建设的发展有重要意义。

2. 理论

迄今为止，国内外对城市设计理论的研究多种多样、纷繁杂沓。许多学者对 20 世纪城市设计的理论作过归纳和分析，大体可分为五种：a. 功能主义，如 CIAM 1933 年在《雅典宪章》中提出城市的居住、工作、娱乐和交通四大功能组成，为以后区划法的实行打下了基础；b. 体系主义，如路易斯·康在费城中心区规划中对交通问题的分析和丹下健三提出的"带形城市"理论；c. 形式主义，如卡米罗·西特的空间设计观点和丹尼尔·伯

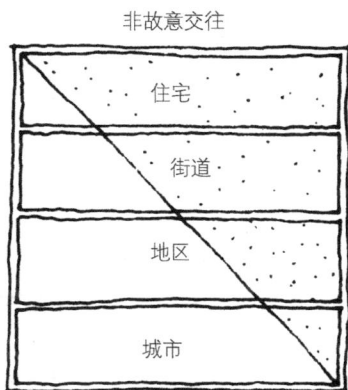

"10 次小组"提出的人类和谐阶层

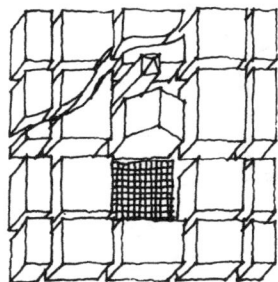

街道模式

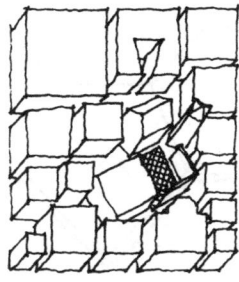

街坊

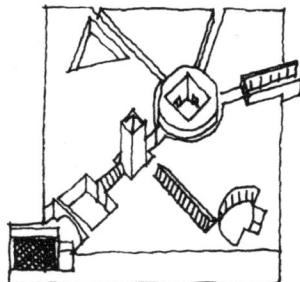

空间

雷昂·克莱尔提出的三种城市空间类型

纳姆提倡的"城市美化运动"；d.人文主义，如"10次小组"提出的以住宅、街道、地区和城市构成的人类和谐阶层，亚历山大强调的公众参与和对使用者的关怀；e.理性主义，如雷昂·克莱尔提出的公共空间的重要性和对传统城市空间肌理的恢复等。

英国诺丁翰大学的迈斯·卡蒙那教授综合其他理论和实践经验，对现代城市设计理论作了更详细的划分。他用一个八角形图形表现出目前各种各样城市设计理论所强调的八个主要观点及其相应的代表人物，又对每个观点在实践上的探索作了详细讨论，为我们研究城市设计理论理出了一个清晰的脉络。

（1）三种理论研究方法

美国康奈尔大学的罗杰·特兰西克教授在《寻找失落的空间》一书中，从现代空间的演变和历史例证的分析入手，提出了目前城市设计理论的三种研究方法，即图底关系理论、联系理论和场所理论。

①图底关系理论（Figure-ground） 图底关系理论是研究城市的空间与实体之间存在规律的理论。每一个城市都有各自的空间与实体的模式，

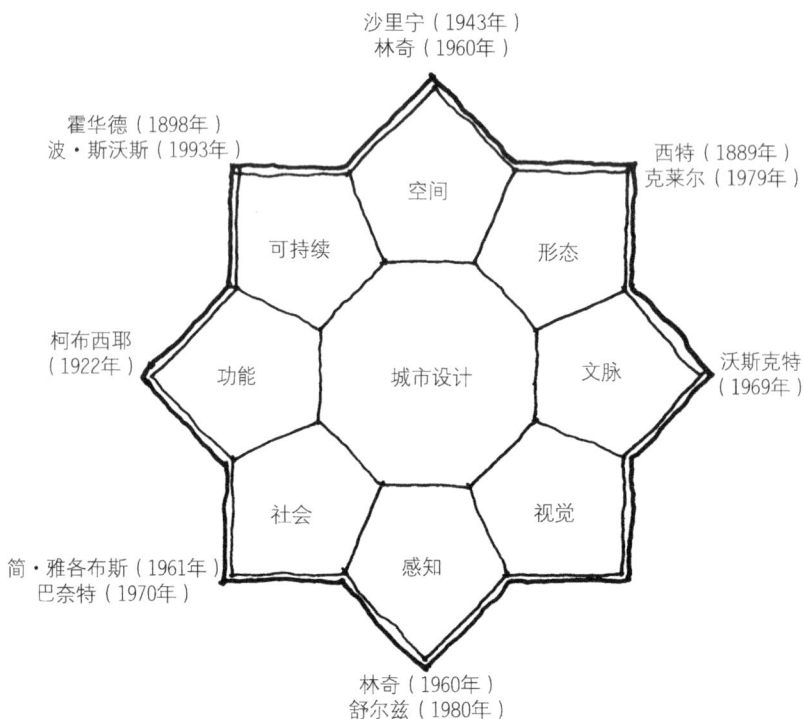

城市设计的理论脉络

这一理论试图通过对城市形体环境图底关系的研究，明确城市形态的空间结构和空间等级，确定出城市的积极空间和消极空间。通过不同时间内城市图底关系的变化，还可以分析出城市建设发展的动向。

这一理论源于心理学中的视知觉研究。心理学认为，感觉到某个物体的各个片面后，就会建立整体形象，即形成知觉。知觉有四个基本特征，其中选择性是知觉的重要特征。它是指人们在知觉周围事物时，总是有意无意地选择少数事物作为知觉对象，而对其他事物的反映则比较模糊。

图底关系理论以知觉的选择性作为基础，认为人们在观察形体环境时，被选择的事物就是知觉的对象，而被模糊的事物就是这一对象的背景。

在城市环境中，建筑实体往往由于图像清晰，尺度较大，对人的刺激较高，而成为人们知觉的对象，周围的空间则被忽视。成为对象的建筑被称为"图"，被模糊的事物被称之为"底"。

像这样把建筑部分涂黑，把空间部分留白以后形成的图就是图底关系图。在图底关系的表现图中，有时还把空间部分涂黑，建筑部分留白，这时形成的图称为图底关系反转。通过对城市环境图底关系正反两方面的分析，对城市空间环境的认识会更全面和深入。

在我国传统城市空间的布局中也可以找到图底关系及其反转的"根"。传统空间布局的概念是"阴阳互易"，"易"字所强调的正是图与底、空间与实体的相互依赖性，两者相互补充而存在，失去一方另一方则不存在了。用图底关系分析方法分析我国传统的四合院，这一特点就一目了然。在这里空间与实体同等重要，虚实相生，成为有机的整体。同样的城市空

阴阳互易——太极图

建筑为图，空间为底　　建筑为底，空间为图

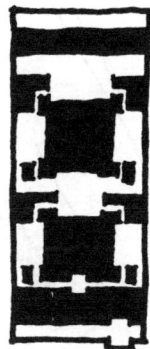

北京四合院四进院图底关系图

间在中世纪的意大利城市中也屡见不鲜。

在现代城市空间中，建筑受到过分的重视，实体作为空间的主角，空间只能作为背景，图底关系不可逆转。其周围的空间支离破碎，出现许多消极的"失落空间"。

在城市和建筑设计中，用图底关系方法可以明确空间界定的范围、不

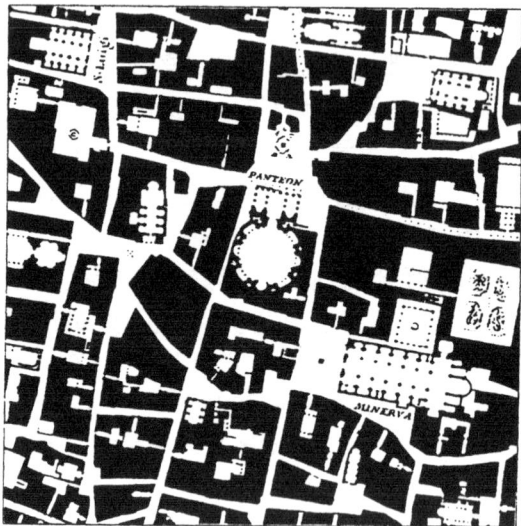

意大利罗马的 NOLLI 图底关系图

意太利锡耶纳的坎坡广场图底关系图

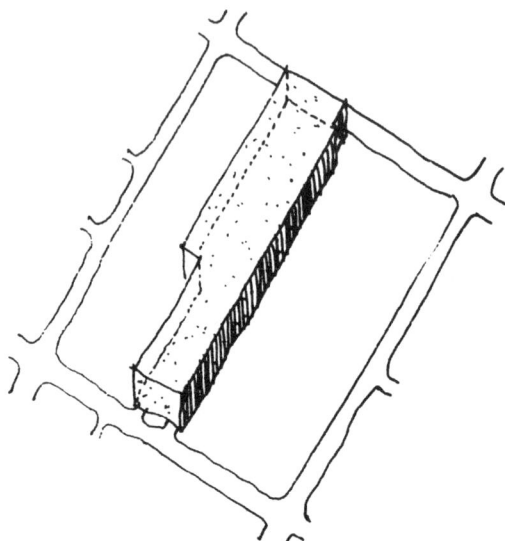

在丹麦冰哈姆雷市丽兹尔街设计分析时，设计者将图底关系反转，空间被当成了重点设计的对象，以创造积极的空间

用图底关系图分析不同时间同一地段中城市建设的发生频率，可以分析出城市建设的发展方向

图底关系图

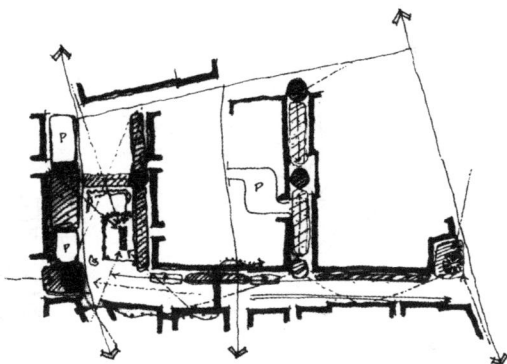

设计概念草图——加强空间界面

大庆市萨尔图火车站广场及周边地区改造

同等级的空间、空间的收放效果等，从而在设计中有意识地加强对空间的界定，创造出积极的空间。

②联系理论（Linkage）　联系理论是研究城市形体环境中各构成元素之间存在的"线"性关系规律的理论。这些线有交通线、线性公共空间和视线，如各种交通性干道、人行通道、序列空间、视廊和景观条件等。

通过联系理论的分析，可以明确城市的空间秩序，建立不同层次的标志性建筑，确定城市中主要的建筑及公共空间的联系走廊，提高城市效率。以此为依据控制周围与其相联系的各构成元素，能达到"各种流动形态的和谐交织"和秩序化的结构布局。

1791 年，朗方在美国首都华盛顿市的规划设计时主要强调城市中各主要建筑和空间的联系，其主要手段是在这些主要元素之间用绿地、主要街道等线性空间建立强烈的交通与视觉联系。两百多年来，首都华盛

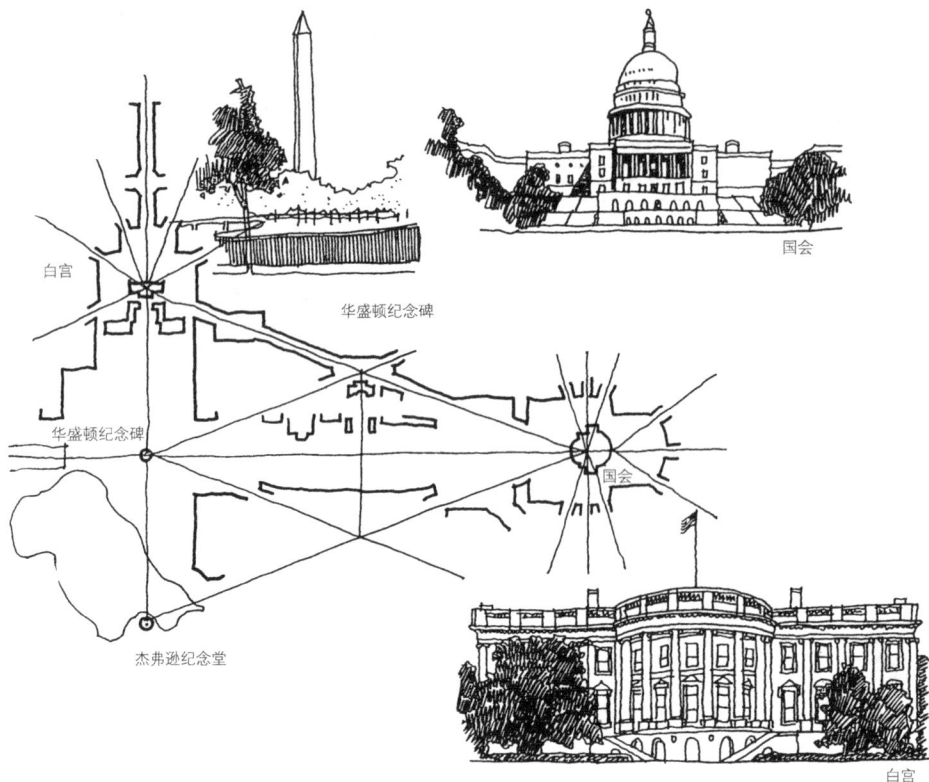

空间联系分析图——美国华盛顿市中心区

顿的建设一直在这一模式指导下进行，使之成了美国城市中独具特色的优秀城市。朗方的这一设计思想被认为是早期成功地运用联系理论设计城市的范例。

联系理论在 20 世纪 60 年代十分盛行，比较著名的是 1964 年培根在进行美国费城中心区城市设计时对联系理论的尝试。他运用联系理论，以运动的概念为费城中心区编制了一个杰出的"城市结构"（Urban Structure），以活动中枢构成整个城市的功能以及视觉骨架，形成城市的主要空间走廊，建立了和谐有序的城市结构。

③场所理论（Place）场所理论是把对人的需求、文化、社会和自然等的研究加入到对城市空间的研究中的理论。通过对这些影响城市形体环境因素的分析，把握城市空间形态的内在因素。在场所理论的研究中，社会的、文化的和感知的因素被渗透到对空间的界定和围合中来，这些内在和外在因素的有机结合，于一般性的场地（Site）赋予出场所（Place）

的意义。

与图底关系理论和联系理论比较起来，人们对场所理论的认识比较晚。20世纪50年代初，"10次小组"提出了"以人为核心"和"人际结合"的思想，主张把社会生活引入人们所创造的城市空间中去，要按不同时间、不同时期和特点研究居住问题。他们认为人类活动是决定城市形式的基本要素，城市形式必须由社会活动产生，提出以人类和谐关系来反映城市结构，从中得到对城市环境的认同感。

"10次小组"的观点对以后许多方面及学者的研究产生了较大的影响。其中比较著名的有：

——雷昂·克莱尔提出城市空间应统一、和谐、有秩序，街道的大小、模式和方向性是公共空间的重要因素。他在1969年德国的一个修道院扩建中，用广场、柱廊、林荫道等手法解决公共和私人领域的冲突，连接新旧建筑，被认为是新古典主义的代表作。

——G·库伦通过对人在空间运动中的感受研究画出的城市景观图，通过对空间序列的个性特征的分析，强调人对空间的场所感和意象。尔后，"空间序列"分析技术得到了广泛的应用。

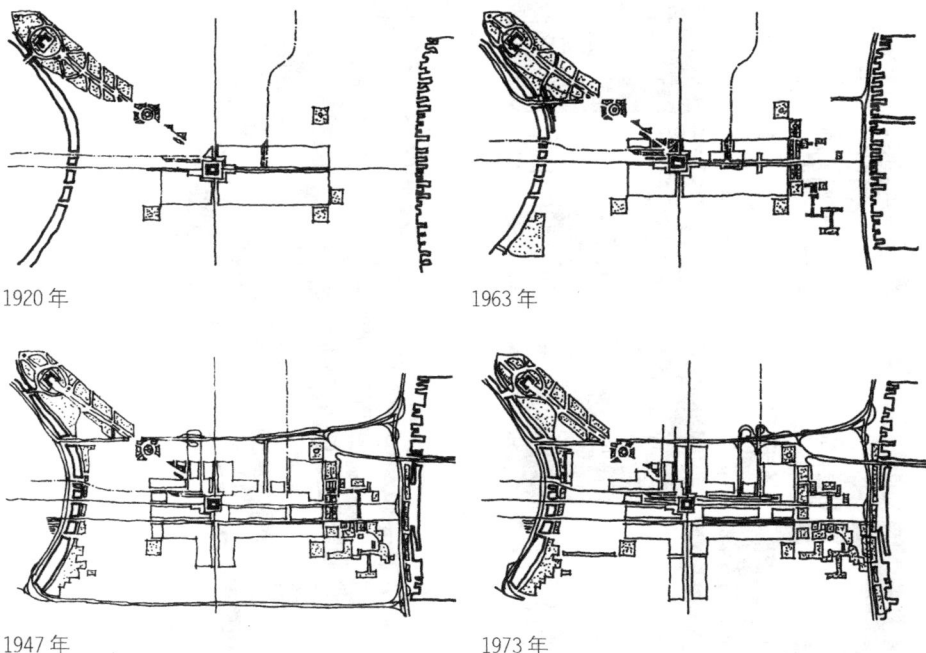

1920 年

1963 年

1947 年

1973 年

培根对美国费城中心区的分析图

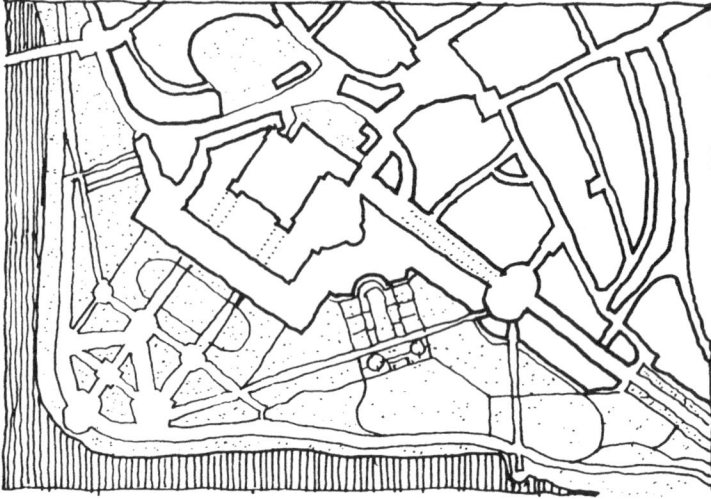

雷昂·克莱尔设
计的修道院平面图

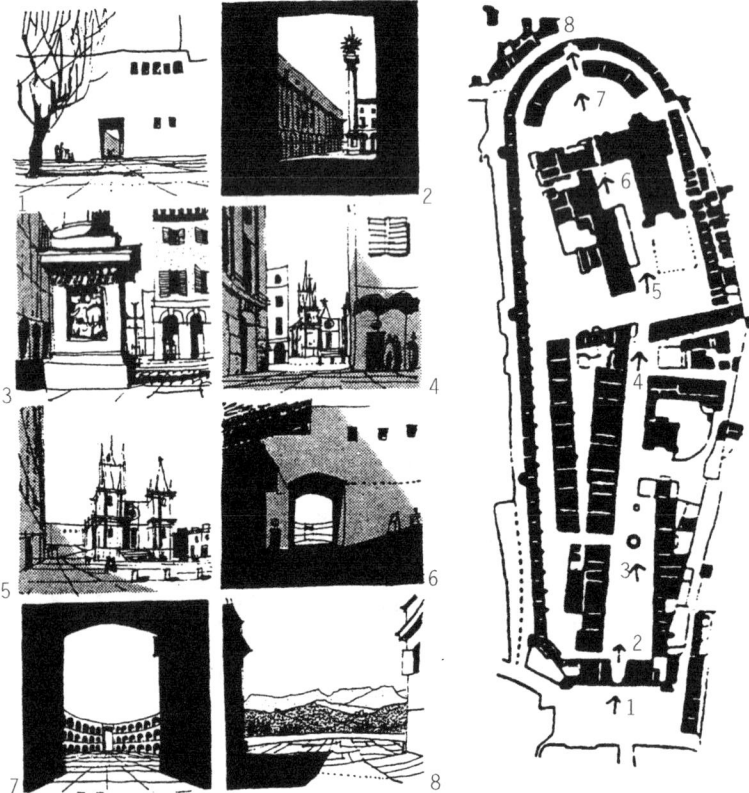

G·库伦的空
间序列分析

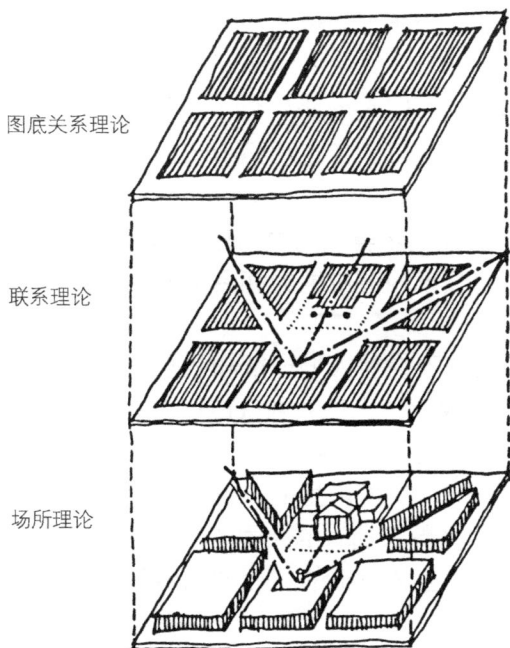

①图底关系理论分析方法。从理解城市形态入手，体会城市建筑体块的空间关系。通过图底关系分析，从二维角度认识城市模式、空间秩序、空间等级等

②联系理论分析方法。通过交通、视觉方面的联系分析，明确城市空间中主要功能与景观构成元素之间的交通与视觉联系，从而确定城市的主次交通和视线、视廊

③场所理论分析方法。通过对影响城市环境的社会、历史和文化等因素的分析，把握城市空间的内在特征

图底关系理论

联系理论

场所理论

三种城市设计理论及关系

——20世纪80年代，克里斯汀·诺伯格·舒尔兹在《场所精神》一书中提出了场所的围合、意义及对场所的保留等问题。他强调城市聚集的概念，指出建筑物精神层次的意义远比实用层面更重要。其观点对当今提倡的人居环境研究有积极的借鉴意义。

应该指出的是，以上三种理论方法各自有自己的价值和局限。图底关系理论主要是对空间界定和空间等级的分析，有利于形成积极的城市空间；联系理论是在城市主要建筑和主要空间之间建立交通和视觉联系，有利于形成城市的空间秩序和提高城市效率；而场所理论则从人的需要出发，通过对影响城市环境的内在因素的把握，使城市环境满足人们的深层次的需求。

可见，每一个理论方法都是从一个侧面分析城市环境，只有把三者结合起来才能使城市问题的研究更全面、更有意义。

（2）城市形象理论

在诸多城市设计理论中，比较有影响并得到广泛应用的理论是美国城市设计理论家凯文·林奇提出的"城市印象"理论。这一理论是他1960年在洛克菲勒基金支持下的研究成果，他结合对美国三个主要城市波士顿、

新泽西和洛杉矶的"城市形象性"调查分析，通过出版《城市印象》一书提出了城市形象理论。

①形象性的建立　林奇的城市形象性（Imageability）是作为对城市环境的评价标准提出来的，即"具形物体使每个特定观察者产生高效率的强烈心理形象的性能。"

林奇认为："环境形象是观察者与他的环境之间两向过程的产物，环境提示了特征和关系，观察者——以他很大的适应能力和目的——选择、组织，然后赋予所见物以一定的意义。"

这里提到的环境"特征与关系"是容易被人们理解和识别的环境形象特点，也称环境的"可识别性"，它不仅能让人们感到城市环境具有清晰性和安全性，还能增强人们对环境体验的深度和强度。

而赋予所见物的"意义"是指人们对环境产生的心理图像和形象。这是一个"公众印象"，是"城市居民中多数人拥有的共同的心理图像，这是在各个物质实体、共同的文化和基本的生物特征的互相影响中可见的一致范围"。

林奇还提出了建立城市形象性的三个条件：识别性（Identity）、结构（Structure）和意义（Meaning）。

——识别性，主要指物体的外形特征或特点。

——结构，主要指物体所处的空间关系和视觉条件。

——意义，主要指与观察者在使用和功能上的重要性。

任何一个环境元素若具备了上述三个条件就很容易建立起城市的形象性。如哈尔滨市防洪纪念塔早已在市民的心目中形成了心理形象，是城市形象的重要元素之一。分析起来它具备了建立形象性的条件：首先，它形象独特，由半圆形的柱廊环抱中央的纪念塔，形成宏伟庄严的气氛；其次，在空间上具有良好的视觉条件，从景观上能满足最佳的视觉要求；第三，它是1957年哈尔滨人民抗洪胜利的纪念性建筑，意义重大。

通过以上分析，我们很容易理解哈尔滨市防洪纪念塔为何能成为哈尔滨市的形象性建筑了。

反过来讲，当我们设计城市时，对城市中有重要意义的建筑应该提供良好的视觉条件，在建筑处理上要求应具有个性特征，使之成为景观中的标志性建筑。而对于一般性、大量的建筑则要求在景观中作背景，建筑处理上追求统一和协调，这样才能使城市景观变化有序，使城市空间具有特色并格局清晰。

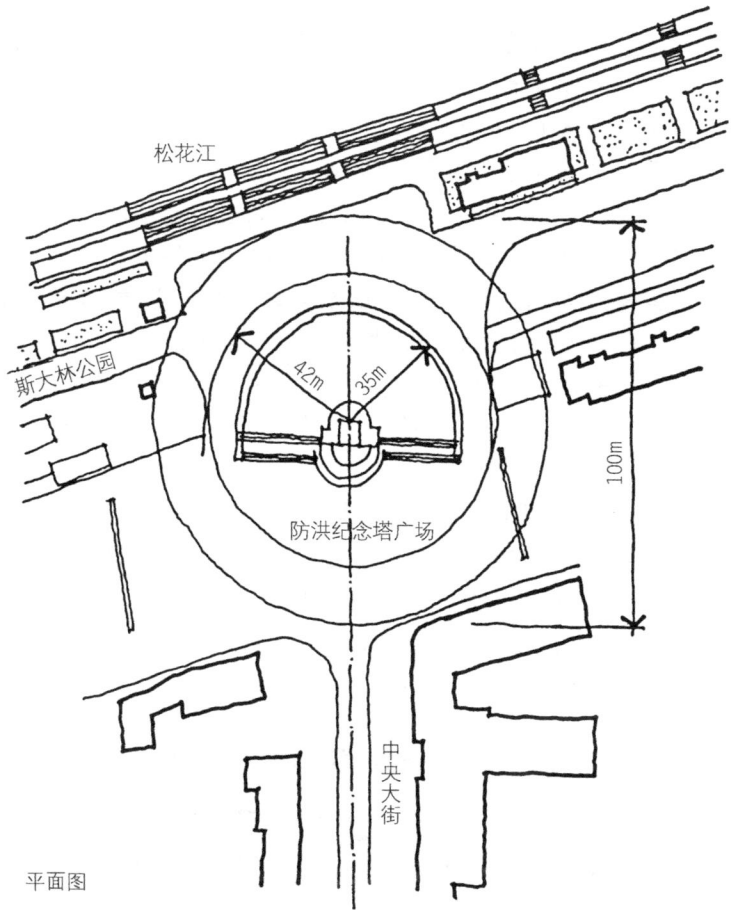

松花江

斯大林公园

42m 35m

100m

防洪纪念塔广场

中央大街

平面图

哈尔滨市防洪纪念塔广场

②形象的构成元素　在分析和调查的基础上，林奇提出了构成人们心理形象的五种基本元素，它们是：

——路径（Path）。在城市中，能够被称之为路径的元素有两类，即交通联系的道路和视觉联系的视廊。一般情况下，两者合二为一。因此，人们习惯地认为路径即人们经常活动的通道，包括城市的主次干道和步行路、水路、铁路等。这些路径构成了城市的空间骨架，是城市的"骨骼系统"。

路径是人们认知城市的基本要素，其他要素都是沿着路径而展开的。所以，在城市形象建立中，路径占主导地位。

从心理学角度讲，当人们沿路径移动和观察时，路径对人们能形成连续性和方向性的图像。路径两侧的界面就是连续性和方向性的基础，有助于人们对距离的判断。

——区域（District）。从整体上讲，区域在规模上的变化较大，一般是两度范围。一个区域应该有共同的形态特征和使用功能，并与其他区域有明显的区别，如历史区、高层区、居住区、工业区等。形成区域应该具有以下特征：文化社会性，如美国许多城市中心区的"中国城"和一

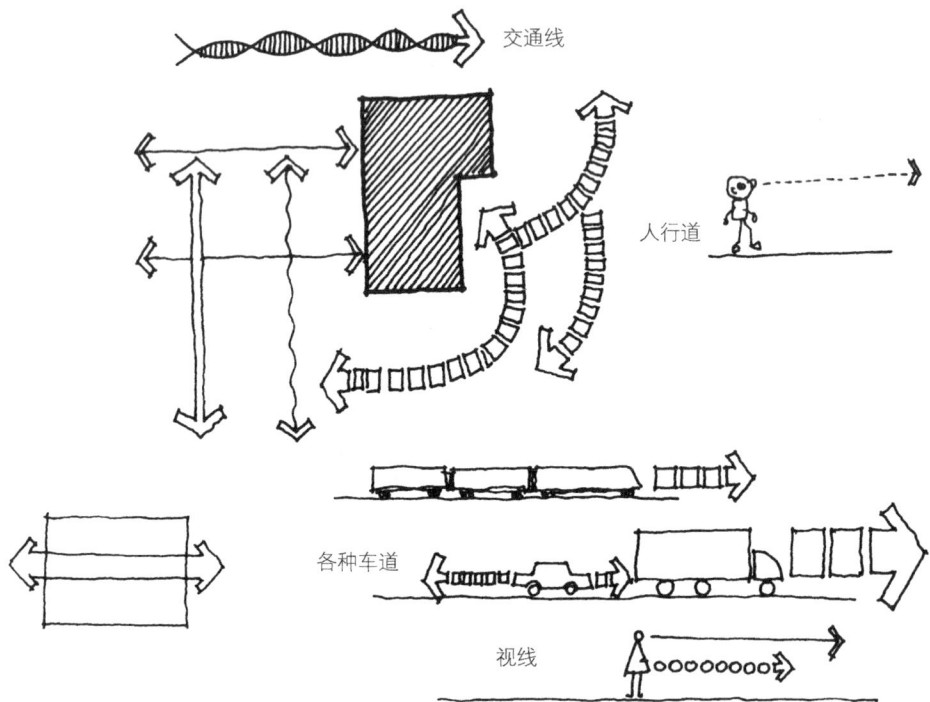

路径举例

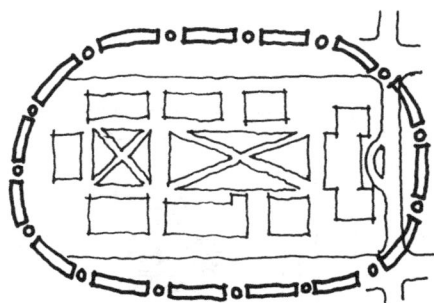

城市组团

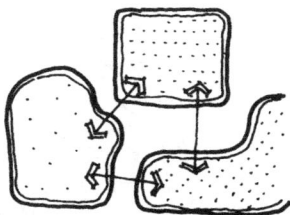

相同的使用功能

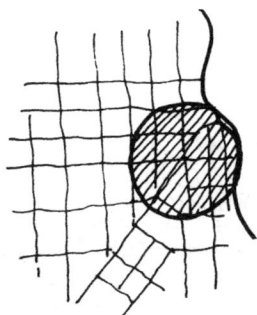

城市CBD

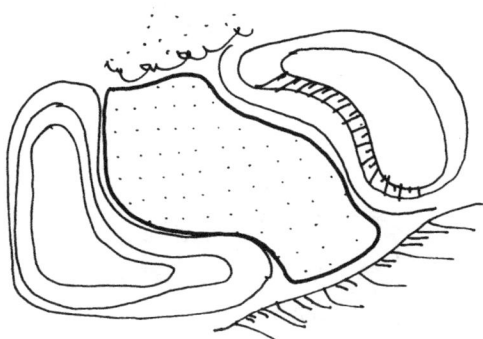

地形和地貌限定区

区域举例

些城市历史保护区就有着鲜明的历史性和民族性的文化特征，被称为镶嵌在城市中的"亚文化区"；共同的使用者，如大学校园；一致的使用功能，如居住区；一致的空间特征，如城市广场、高层建筑区等。

——边缘（Edge）。边缘是区域与区域之间的界线，通过自然或人工形态上的变化所表现出来的线性成分。它标志着区域的范围和形状，如绿化带、河岸、山崖等，以及建筑群体界面、道路边界和各种空间分割手段。但也有的区域在某一方向上没有明显的边缘，与另一区域自然混合，形成空间上的交融和渗透。

边缘是人们认知城市形体环境的某种侧向参照基准，是一个区域与另一个区域的联系和区别部分，对城市环境起了一种区分与限定的作用。人们通过边缘认知城市形体环境的特征，加强了对城市形象的理解。

——节点（Node）。节点就是集合的场所，指观察者可以进入的具有战略地位的焦点、要点或是日常城市生活往来的必经之地，多半是道路交

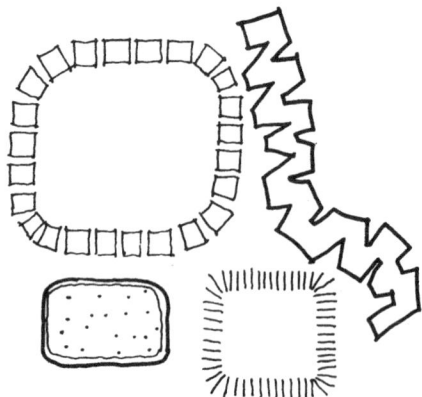

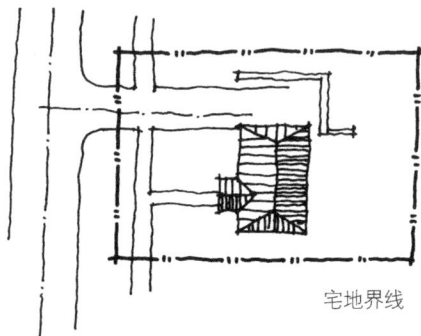

宅地界线

空间分隔线

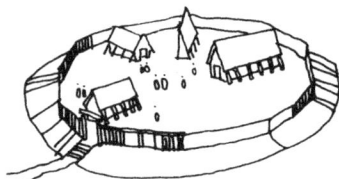

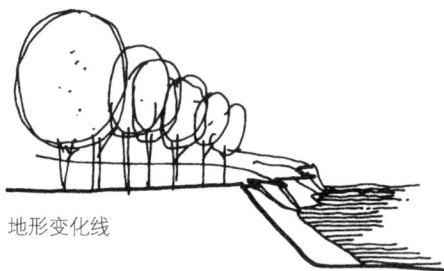

地形变化线

围墙

边缘举例

叉口、方向转换处、空间结构的变换处等。它是人们认知城市的一个重要因素，其重要性来自于它是某些功能或特征的集中。这类集中的节点也许就是某一区域的中心。对环境的认知者来说，节点十分重要，通过节点人们可以更清楚地感觉节点本身和其周围环境的特征，因此，节点也被称为城市的"核"。

——地标（Landmark）。地标是一种认知环境的参照点，观察者不进入其内部，只是在外部认知它，通过它来辨别方向。它是城市中令人产生印象的突出形象，其关键特征就是单一性和外在性，包括突出的自然地形地貌、奇特的植物、形象特征明显的建筑物和环境设施等。地标可以在城市中或一定范围内作为一种方位感的导向，是城市结构的一种暗示。它是形成城市形象和识别城市结构的重要因素，对城市环境有一定的影响范围。

以上元素一起构成了城市的形象性，合成了城市的个性。然而，上述的元素不是孤立存在的，区域由节点构成，受边缘的限定，路径贯穿其中，地标分布于内。它们有规律地相互穿插和叠合，构成城市形体环境的认知

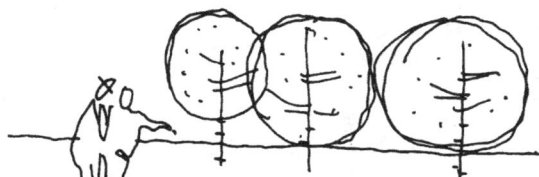

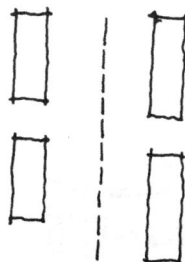

引人注目的大空间

景观点

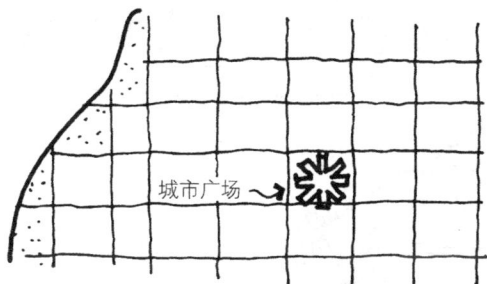

城市广场

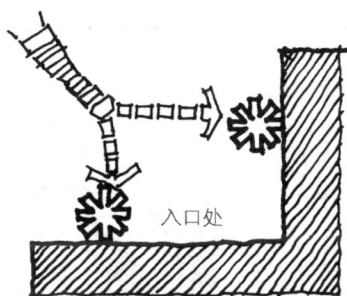

入口处

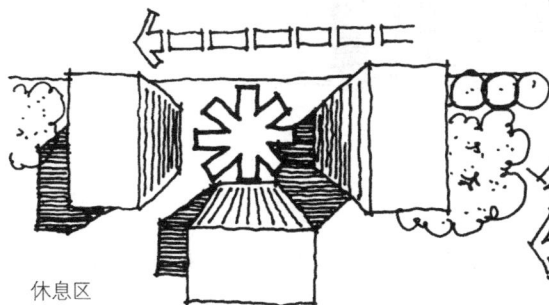

休息区

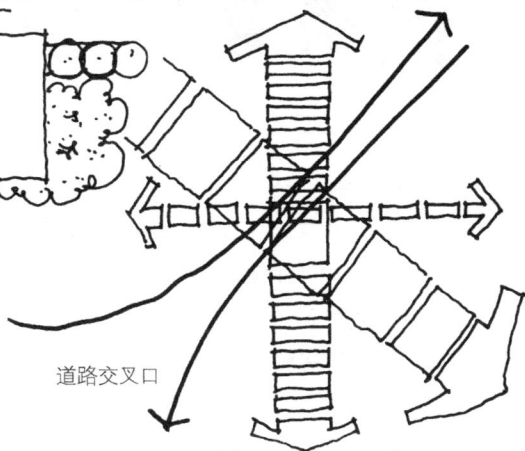

道路交叉口

节点举例

标志举例

意象和城市形象。

　　我们运用林奇城市形象构成要素的观点，可以画出城市结构的抽象图示，更能增强我们理解城市形体环境的深度。

　　林奇在他后期的作品中加入了象征的意义和环境的政治、经济、社会的含义，大大丰富和加强了城市意象的内涵和操作性。

　　林奇一生勤于思考并积极从事城市设计的教学、研究和实践，他为后人留下了丰厚的学术成果，在城市规划和城市设计界几乎无人不晓，被认为是迄今为止城市规划和设计领域最杰出的贡献者之一。

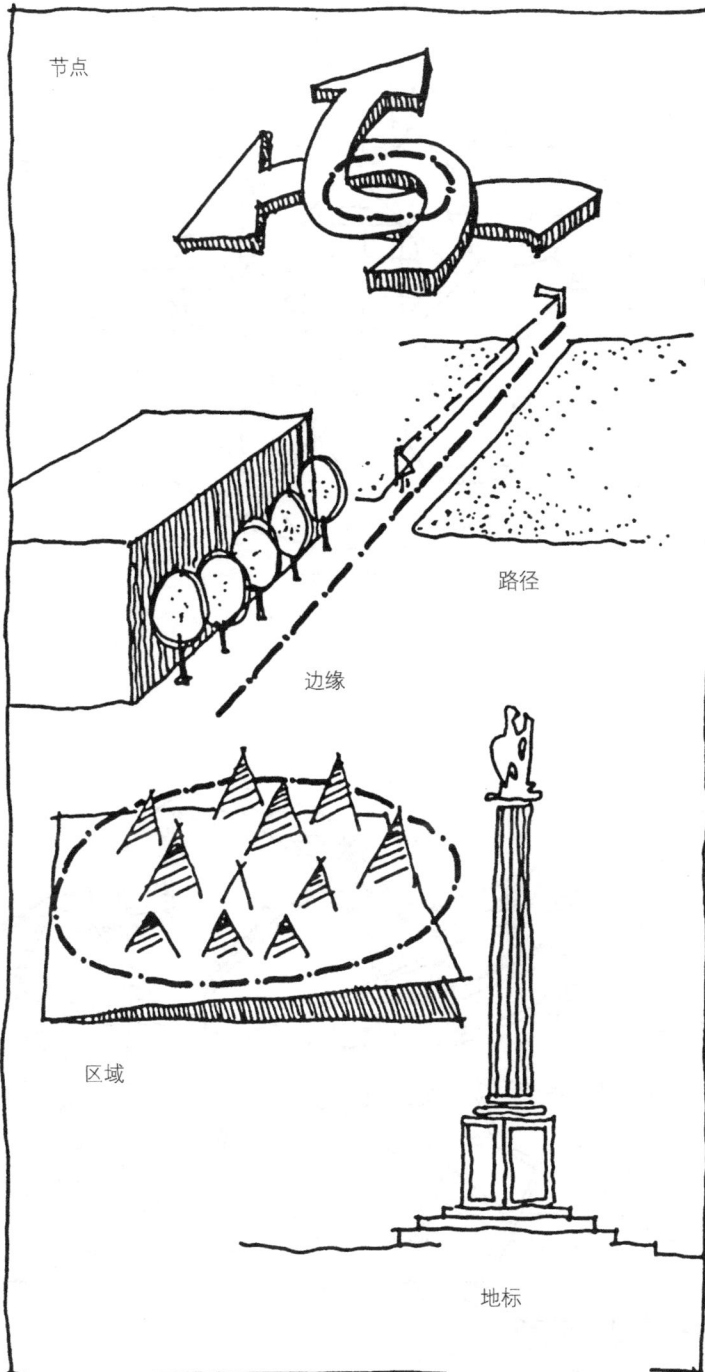

节点

路径

边缘

区域

地标

林奇提出的城市形象五个元素

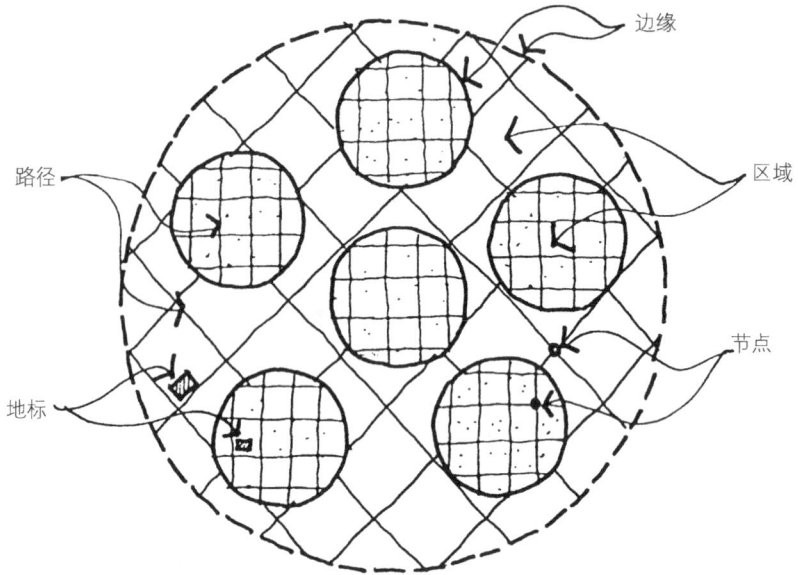

根据林奇城市形象的要素绘制的城市构成图

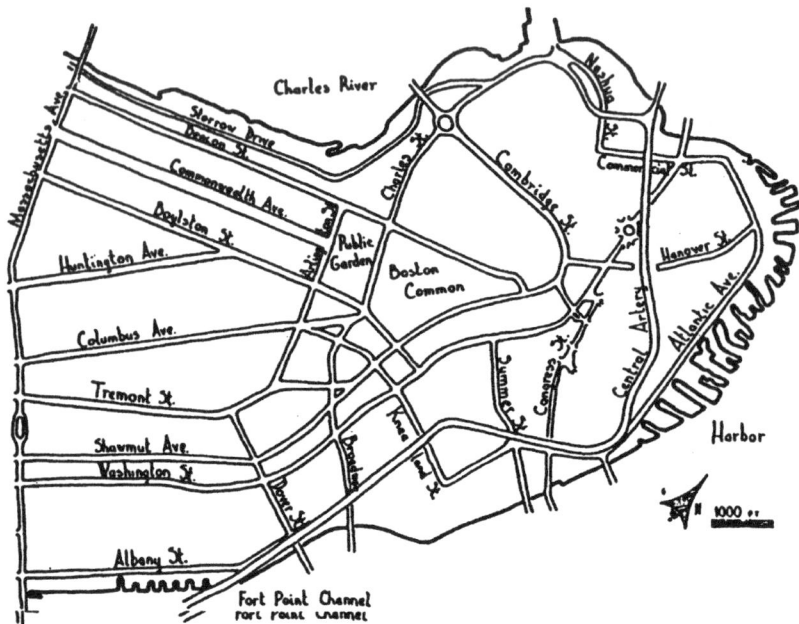

现状简图

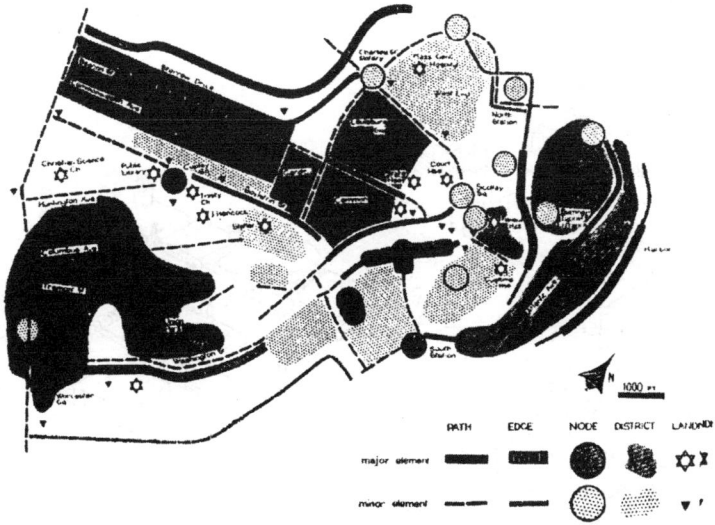

视觉形态

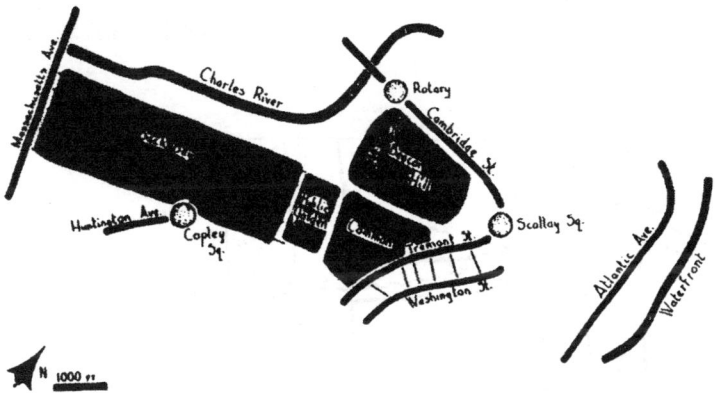

公众意象

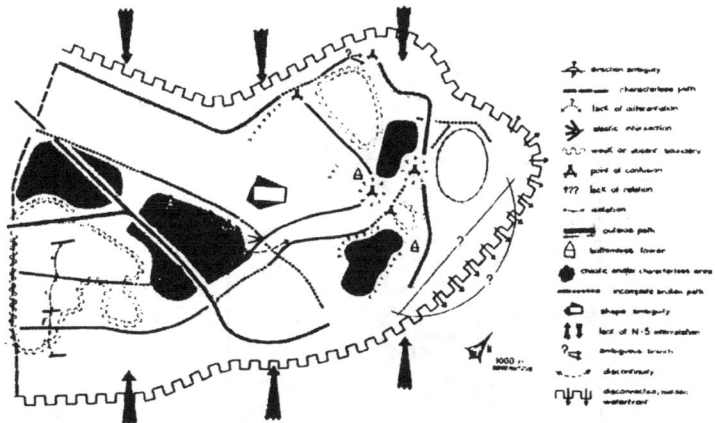

存在问题

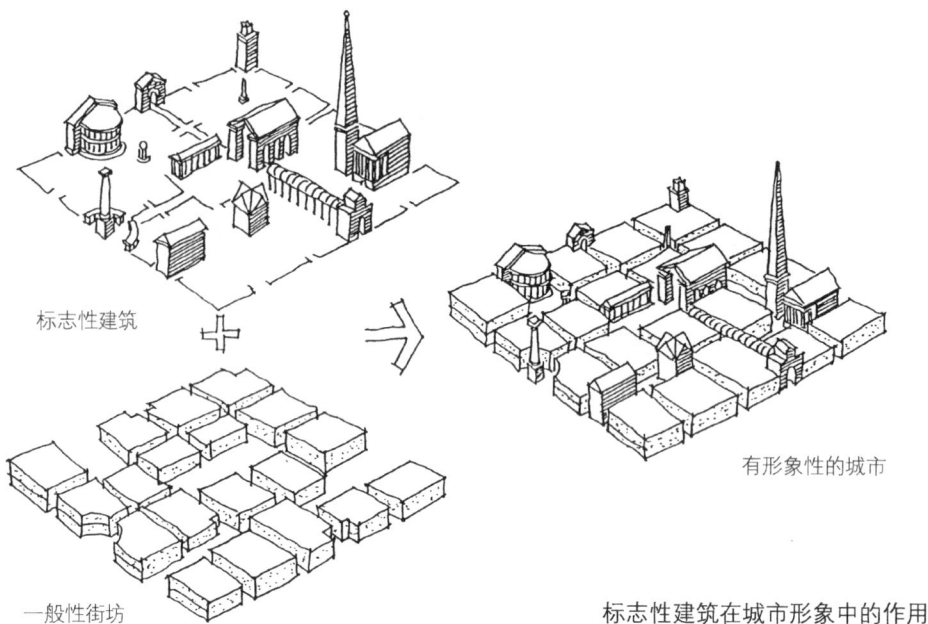

标志性建筑

一般性街坊

有形象性的城市

标志性建筑在城市形象中的作用

原状

改造

元素的应用——选择路径

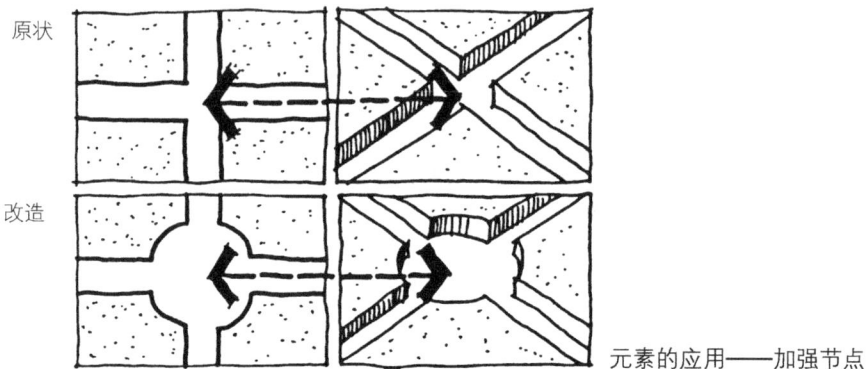

原状

改造

元素的应用——加强节点

第四章　元素与原则

1. 元素

城市设计在城市规划中属于城市形体规划的内容，在对城市形体环境进行设计时，所有构成城市形体环境的元素都分别出现。每一元素都有造型、材料、色彩等问题，元素之间要作适当的组合，这些组合不是简单的 A+B+C=ABC 的等式，而是等于 X，即会产生一种新的元素或景观。因此，将不同元素组合的设计，不仅要考虑元素本身，更重要的是安排各元素之间的相互关系。

城市设计的元素有：

（1）建筑体量及形式（Form and Bulk）

建筑物是城市形体环境中最主要的决定性因素，建筑物及其在城市环境中群体组合的优劣直接影响人们对城市环境的评价。

从城市设计角度来审视建筑，首先关注的是建筑体量，即其高低、大小和形状等；其次，关心的是建筑形式，即其风格、色彩、材料和质感等。通过从城市整体空间的角度分析和论证，对每一个个体建筑提出容积率、空地率、建筑高度、体量、沿街退后、质地、色彩和环境影响等几个方面的控制要求，以此作为管理建筑设计的依据。

可见，这是比较具体的城市设计问题，对这些内容的设计与控制主要通过城市设计导则（Guide line）的形式来实现的。如美国旧金山市中心区的城市设计导则，是根据中心区的地势特点，制定了"山形主导轮廓线"的建筑体量控制原则，来确定城市环境中建筑高度的分区，指出"低层建筑应布置在山脚下，而高层建筑应布置在山顶，以加强对山势的表现"，力求突出和创造出山地城市的特色。

美国长滩市则利用控制建筑的外界面来限制和避免在人行道旁出现高大的实墙面，创造在视觉上舒适的街道环境。

建筑体量的控制原则与方法：

——保证城市绿化有良好的日照条件。

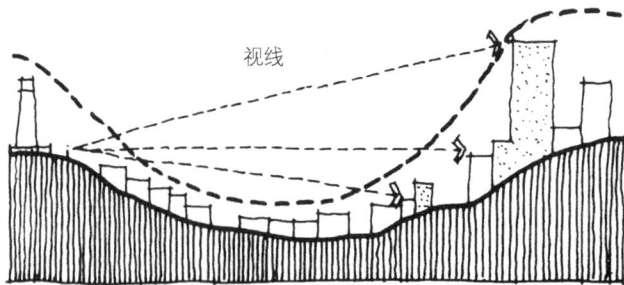

视线

断面

透视

旧金山市"山形主导轮廓线"
原理

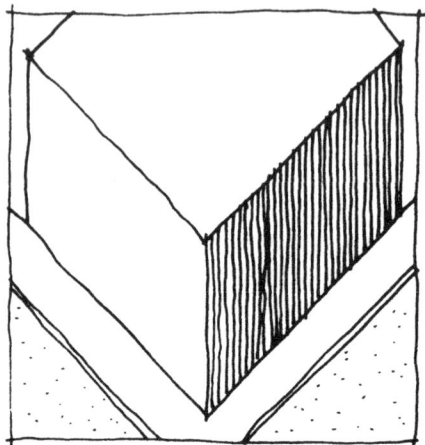

巨大体块对街道造成压抑感

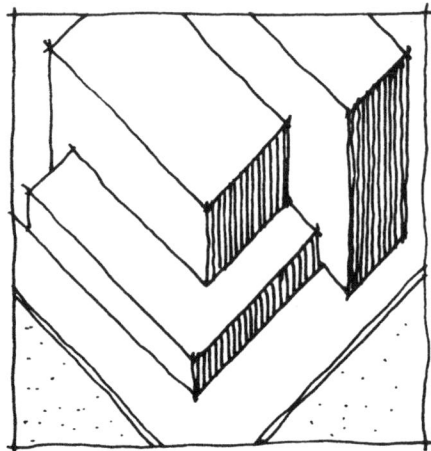

体块的变化和退后处理可缩小建筑的尺度，
并减少对街道的压抑感

美国长滩市城市设计导则对建筑体块的控制

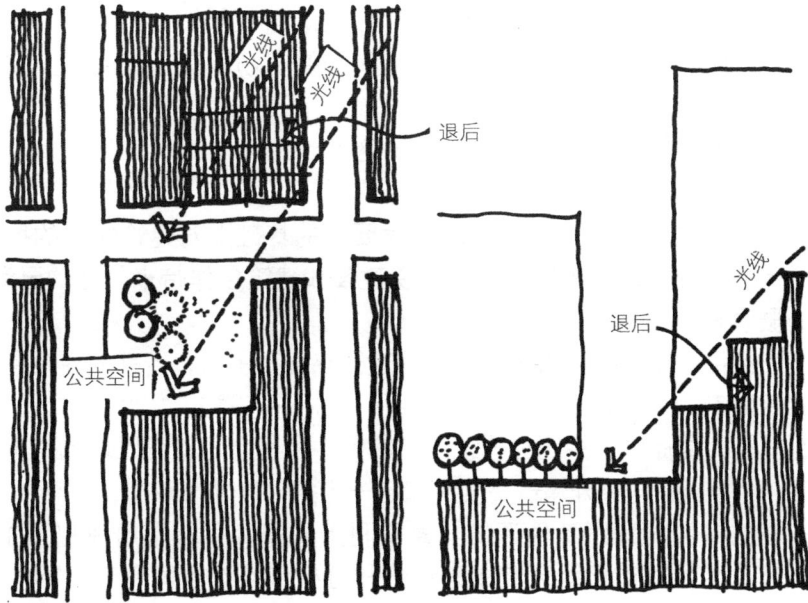

美国旧金山市城市设计对高层建筑体块退后的要求

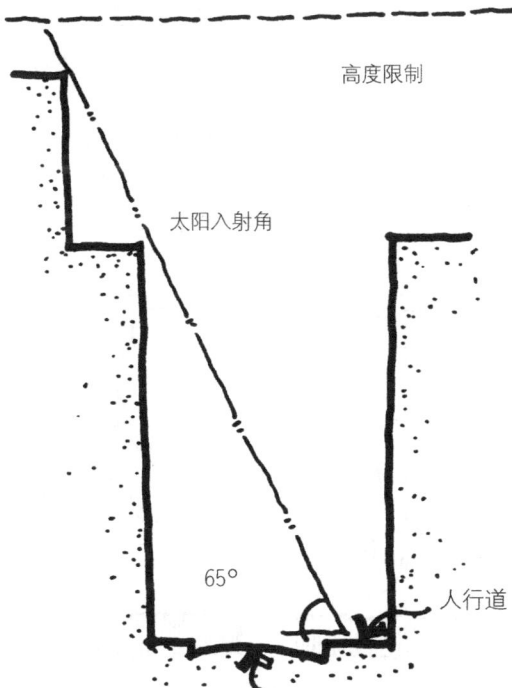

保证3月21日~9月21日早11点以后的日照条件，并保证建筑物可增高，但应在日照线控制之内

美国旧金山市城市设计对建筑退后的要求

——保护历史建筑的景观条件与周围建筑之间的协调关系。

——保证城市街道、广场等人流聚集和停留场所有合理的日照和良好的视觉感受。

——保护建筑物之间的文脉关系及空间比例。

——保护城市天际线的美观与特色。

在一定的城市环境中，在满足上述要求的基础上对建筑体量的控制还可有一定的弹性，这样才能给城市环境建设和建筑创作带来一定的灵活性。相关的概念有：

——条件高度。在城市设计规定的建筑高度范围内，若开发商能在红线以内的用地中，即私人地块上修建公共福利方面的设施，如城市广场、室内公共空间等，或提供保护历史建筑的环境条件和资金，就可以增加一定的建筑高度，所增加的这部分建筑高度在满足一定条件时才能获得，即条件高度。

——城市环境日照条件评价。通常利用的技术手段是用365°的照相机鱼眼镜头结合城市日照天穹图来评价和分析该点在不同季节、不同时间的日照条件，以此为依据提出对周围体量的控制。

——高层建筑体块控制。除上述对建筑高度的控制外，还从城市景观和天际线的角度对高层建筑体块作出特殊控制要求。如美国旧金山市对高层建筑体块的控制就分为底部、中部、顶部以及屋顶形式的控制，有效地保护了城市的整体景观。

对高层建筑体形的控制还可以改善高层建筑底部室内空间的小气候条件。

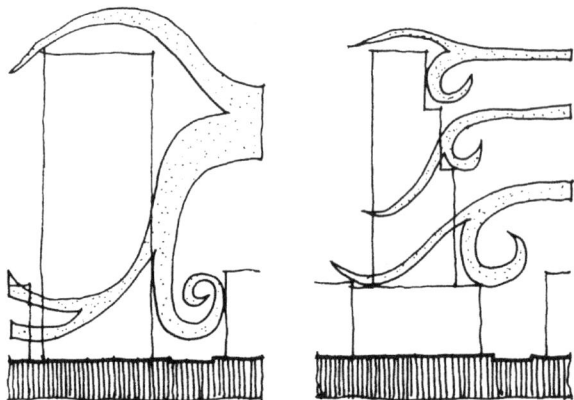

高层建筑体块控制的意义

高层建筑的平面控制能保证城市景观层次的丰富，立面控制不但能丰富城市景观，还能改善高层建筑底部的小气候环境

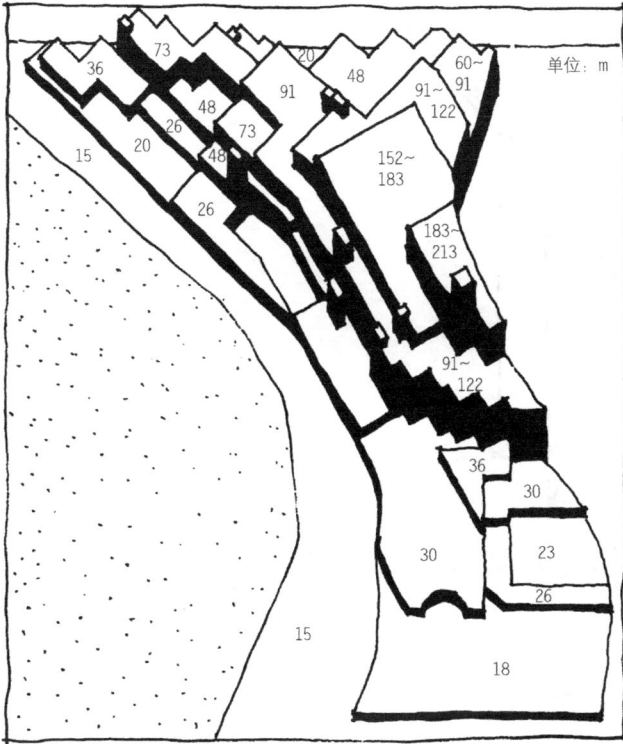

单位: m

美国西雅图市中心区建筑高度控制图

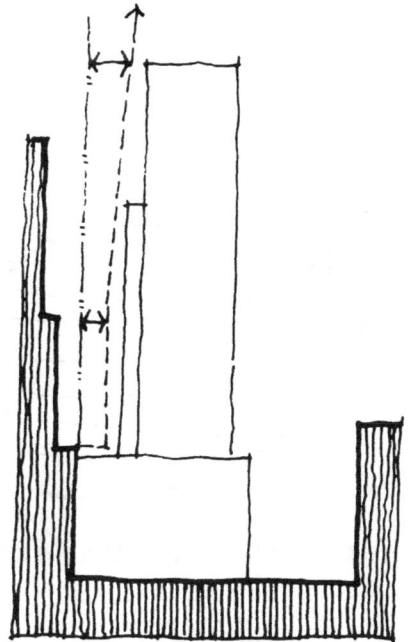

对高层建筑侧面的控制要求

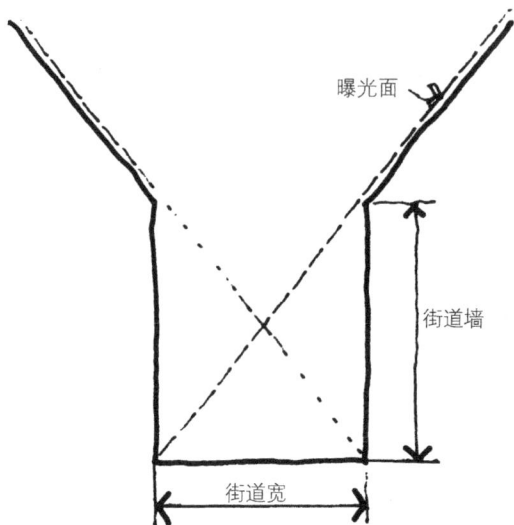

曝光面

街道墙

街道宽

这一概念对以后建筑高度的控制起到了积极的作用。此概念首次采用曝光面控制法，形成建筑控制面，以保证街道采光。这一尝试对区划法中的建筑体块控制产生了很大的影响

美国建筑师威廉·阿特基森 1912 年提出的建筑高度控制概念

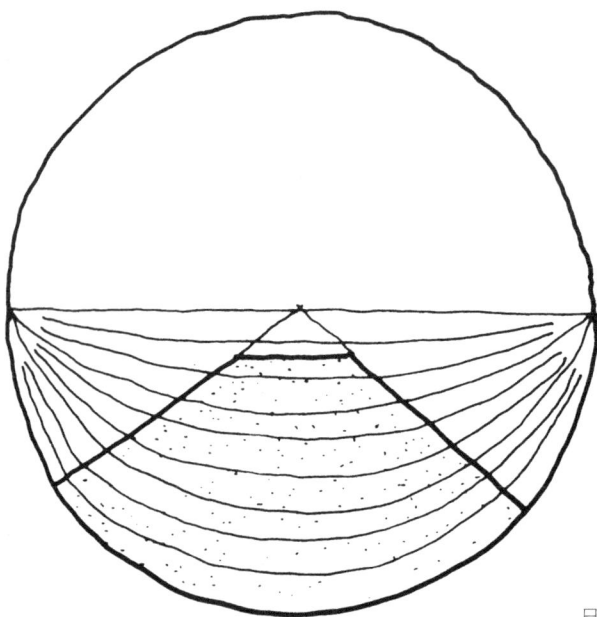

用这一方法可以分析原有环境的日照条件及新建筑对原有环境的影响

瑞典建筑师刚那·波雷杰尔提出的在城市环境中评价日照遮挡比率的方法

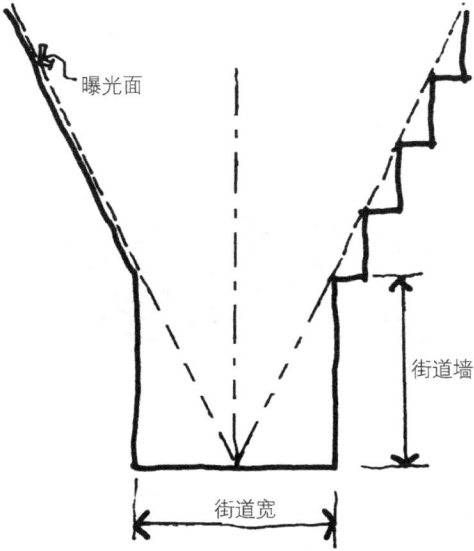

美国纽约市 1916 年区划法图示之一

1916 年美国纽约市提出了全美第一个区划法，其中，提出了街道墙和曝光面的概念，当时规定街道墙高度在建筑立面和街道的高宽比的 1.25~2 之间

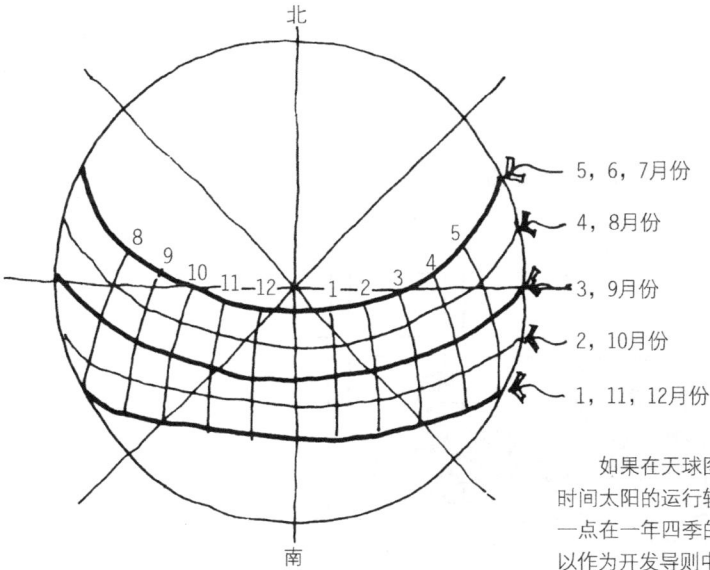

不同季节太阳的运行轨迹图

如果在天球图上加上不同季节、不同时间太阳的运行轨迹图，便可以得出任何一点在一年四季的日照时间。这一方法可以作为开发导则中对建筑体块控制的依据

65

矩形体块的建筑方案

12800m²
FAR=12
12层

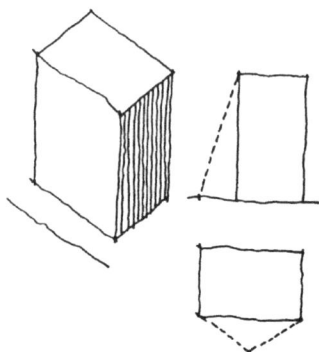

建筑体块与街道关系图

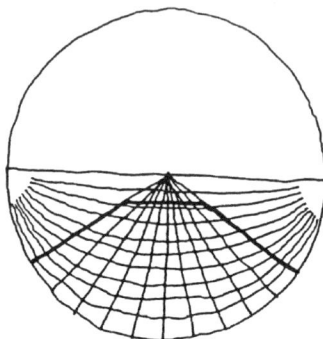

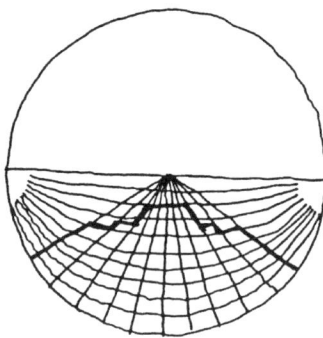

光线遮挡82%

有体块退后的建筑方案

12800m²
FAR=12
16层

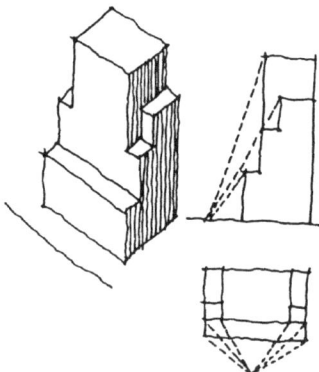

建筑体块与街道关系图

光线遮挡75%

美国对建筑体量影响日照条件的评价示意图

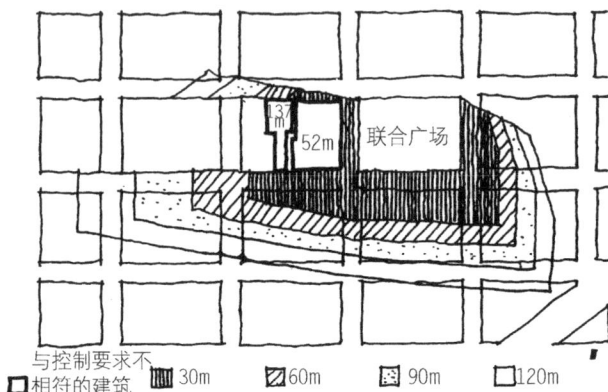

13m

52m 联合广场

☐ 与控制要求不相符的建筑　▨ 30m　▨ 60m　▨ 90m　☐ 120m

以保证广场10：00AM~2：00PM的日照为标准

美国旧金山对联合广场周围的建筑体块控制要求

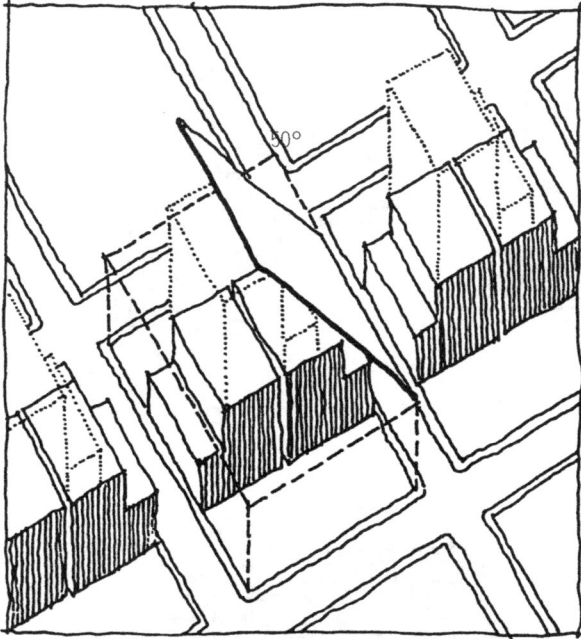

以保证3~9月份大部分时间的日照为标准

美国旧金山市北市场街的建筑
高度控制面

　　建筑体块相同，评价方法不同，
但结果十分相近

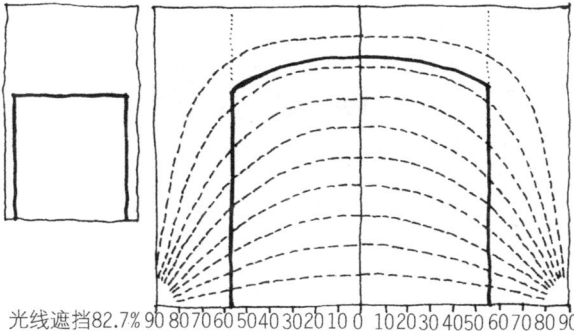

光线遮挡82.7% 90 80 70 60 50 40 30 20 10 0 10 20 30 40 50 60 70 80 90

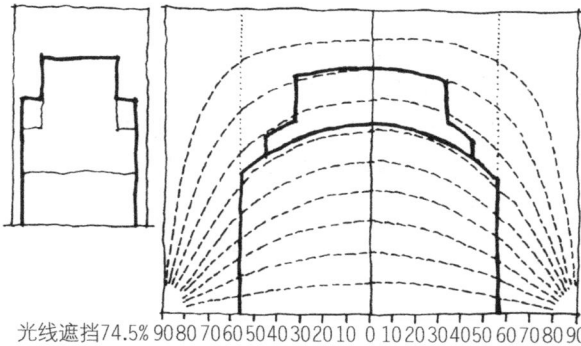

光线遮挡74.5% 90 80 70 60 50 40 30 20 10 0 10 20 30 40 50 60 70 80 90

美国波士顿市对建筑体量影响
日照条件的两种评价方法

建成后的外观

F街

新建筑

原有建筑

宾夕法尼亚大街

城市设计提出的体块控制

美国华盛顿市威拉德旅馆扩建工程

（2）土地使用（Land Use）

土地使用不仅是城市规划的重要内容，也是城市设计的关键问题之一。在城市设计阶段对土地使用主要考虑四个方面：开发强度和土地使用的经济性、保护自然与生态环境、有利于城市基础设施的建设、交通及人口密度的控制。

在城市设计中，土地使用还从环境使用者的行为心理、空间感受、交通等方面分析，从定性和定量两个方面来确定建筑用地、道路广场用地、绿化用地等。

现代城市土地使用的趋势是综合化，目的是提高土地利用的效率，促

新建筑高度超出原有建筑高度小于1/4时，靠立面比例的划分就可以解决与环境的协调问题

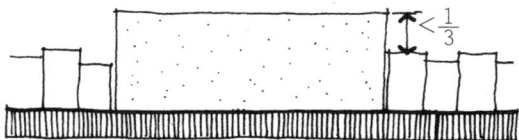

新建筑高度超出原有建筑高度小于1/3时，靠立面比例的划分和屋顶的处理可以解决与环境的协调问题

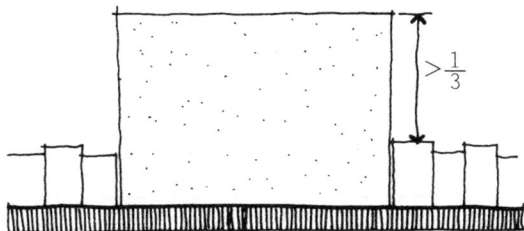

新建筑高度超出原有建筑高度大于1/3时，靠单纯的建筑设计手段无法解决与环境的协调问题

　　在特定环境中，随着大体块建筑高度的增加，设计问题变得越来越难以解决，以至于单纯的建筑设计手段已无法解决。城市设计体块控制的目的就是把环境关系设计问题控制在建筑设计本身能有效解决的范围之内

建筑体块控制与设计问题示意图

进城市空间 24 小时保持活力。

　　（3）公共空间（Open Space）

　　公共空间也称开放空间或开敞空间。其是指城市中向全体市民开放使用的空间，主要包括街道、广场、公共绿地、河流以及建筑物之间的公共外部空间。它与城市中的建筑实体是相辅相成、阴阳互补的。

　　新型的公共空间还包括对公众开放的建筑物的公共大厅、中庭、室内街道、室内广场和建筑的灰空间等。

　　在城市发展到一定阶段时，公共空间还被认为是城市环境的附属品，是城市美化的一种手段。但是，对公共空间的设计与研究并没有得到足够的重视，一些公共空间的设计偏重于形式，而忽视其使用性质、使用者和环境条件的要求，出现了一些为开发商炫耀和为政府官员歌功颂德的展示品。

　　在现代城市中，随着城市生活的丰富、多样及人们在城市中休闲活动的日益增多，城市公共空间越来越受到重视，在城市总用地中公共空间所占的比例日趋增大。据统计，现代城市中公共空间用地一般占城市总用地的 50％左右，可见公共空间对城市环境的影响举足轻重。

增加面积:
最多增加10%的建筑面积
最大面积为1100m²或做成
50°的尖顶

高度限制

上部: 最大平面宽度42m
最大对角线长度48m
最大平均面积1300m²

下部: 最大平面宽度48m
最大对角线长度61m
最大平均面积2200m²

1971年的体块控制:
最大平面宽度52m
最大对角线61m

基座: 在街道宽度1.25倍
的高度以下没有尺寸和面
积限制

立面控制

百分比

上部建筑体块
减少的百分比

高度增加18%时需
减少的面积值

高度控制之下需减
少的面积值

下部的平均楼层面积（每110m²）

上部建筑面积减少量

增加面积

上部:
最大平面宽度42m
最大对角线长度48m
最大平均面积1300m²

下部:
最大平面宽度48m
最大对角线长度61m
最大平均面积2200m²

最大底座高度根据
街道宽度决定

最小底座高度

体块控制区的立面高度（m）

建筑物总高度（m）

控制图表

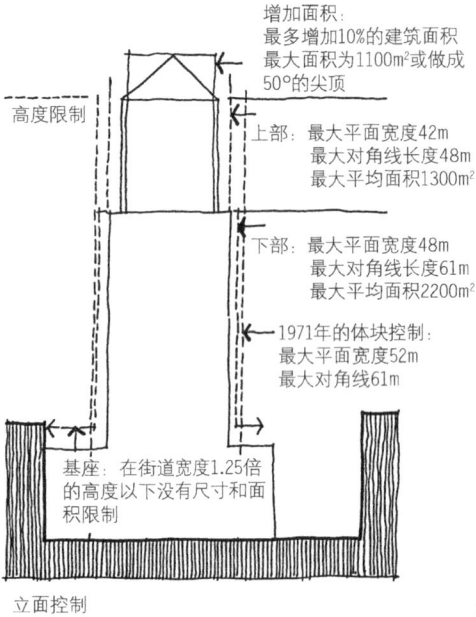

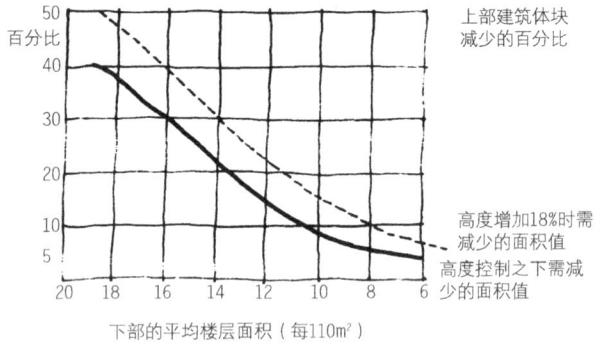

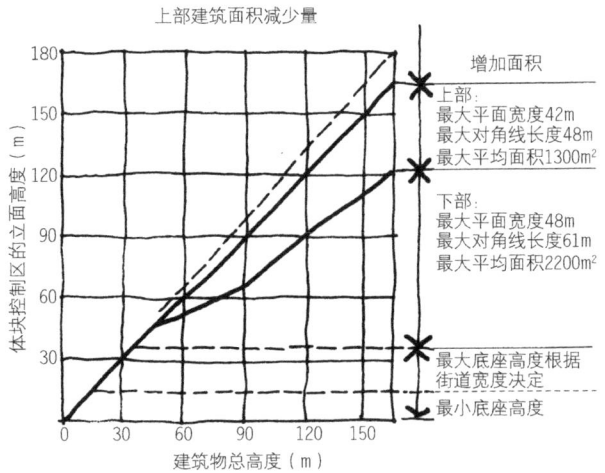

美国旧金山市建筑体块控制图示

目前，公共空间被人们誉为城市生活的"起居室"和"客厅"，其形态上从个体转为系统，使用上趋向于步行化，内容上趋向于多样化和文化性。

城市公共空间设计要点：

——边界明确，形成积极空间；

——注重重点空间的步行区化和设施建设；

——强调公共空间使用上和视觉上的联系；

——公共空间活动的多样化和人情味。

（4）使用活动（Activity）

人类生来就有"凑热闹"的本性，喜欢观察别人也希望别人注意自己。使用活动或活动支持（Activity Support）和允许这些活动发生的形体环境条件满足了人们的这一要求，它们是相互影响和补充的两个方面。高质量的形体环境条件能吸引人们的使用，在这里人人既都是演员又都是观众，丰富多彩又兼容并蓄的活动支持能使环境更活跃、更有生命力。可见，使用活动是极有潜力的城市设计元素。

目前，活动支持已成为评价城市环境质量的一个重要指标。许多城市为了活跃城市环境，经常设计出一些反映地方历史和文化特色的活动支持，如加拿大渥太华市国会广场上每日一次的阅兵式；魁北克市街道上古色古香的观光马车；人行道上精心布置的露天咖啡座和一些小街道上琳琅满目的艺术作品；哈尔滨市令人难忘的冰灯雪雕等。这些富有特色的活动支持对于加强城市的诱惑力起着积极的作用。

简·格黑在《建筑物之间的城市生活》一书中，把城市空间的户外活动按活动对形体环境条件与质量的依赖程度分为必要活动、选择活动和社交活动三种类型：

①必要活动　是人们日常生活必须进行的活动，如上学、上班、购物、

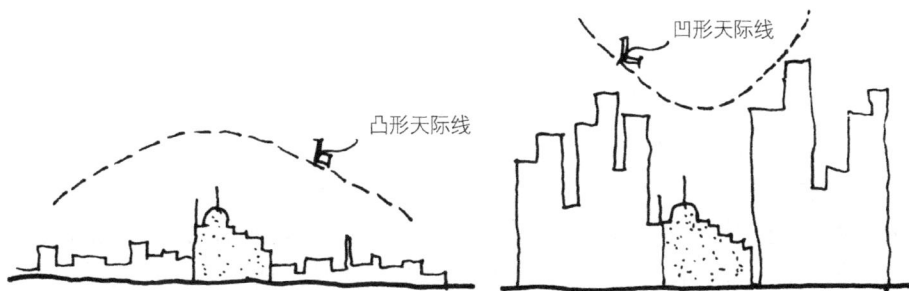

凹形天际线

凸形天际线

缺乏整体城市设计会改变城市形态

平坦地形上的天际线

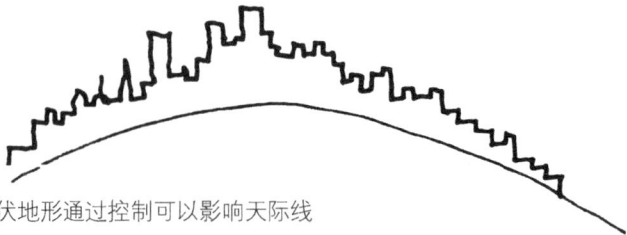

起伏地形通过控制可以影响天际线

山体作为城市天际线的背景

与山互补的天际线

天际线与地形的关系

等车、等人、送信、送货等。这些活动与环境条件与质量的关系不大，而且主要是利用街道。

　　②选择活动　是人们所希望的活动，在天气、时间条件一定的情况下，形体环境质量的好坏与这些活动的发生频率有很大关系，如散步、户外停留、体闲、日光浴、看热闹等。这些活动一般要求比较安静、可供驻足的空间环境。

　　③社交活动　这里特指的是完全发生在公共空间中的社交活动，如儿童在游戏、人们在交谈、社团在活动等活动中发生的相关活动。不同的社交活动发生在不同的场地，城市设计所关心的是发生在城市公共空间中如街道和广场的社交活动。社交活动是必要活动和选择活动能引发的活动，当人们在同一时间、同一地点从事前两类活动时，在一定的社交距离内就可以引发社交活动。

一般认为人们的社交距离在100m之内。具体划分如下：

——100m，可辨认人体的距离，这一范围称"社交区域"。

——70~100m，可辨别人的性别、年龄和动作。

——30m，可认出熟人、面目表情、头形、年龄。在剧场建筑设计中，不宜超过这个距离。

——20~25m，进入干扰距离。

心理学上把空间距离又划分为公共距离（3.75m以上，讲课、看热闹）、社交距离（1.3~3.75m，一般朋友、同事、邻居之间的交谈）、个人距离（0.45~1.3m，家人、好朋友谈话）、亲切距离（0.45m以内，爱恋）。

城市设计师对以上数字的掌握将有助于确定公共空间尺寸和环境家具的布置。

然而，社交活动受城市形体环境的影响很大，如建筑层数、交通等。

关于建筑层数，正如亚历山大在《建筑模式语言》中提到的"四层以下"的模式，他认为："在三四层楼上，你仍然能舒服地走下楼梯，上街去逛逛；你依旧能凭窗远眺，感到自己置身于街景中；你能看到街道上的一切细节，熙来攘往的行人；你能从三层楼上大声呼喊，引起下面人的注意。"

城市生活	环境质量好	环境质量差
必要活动		
选择活动		
社交活动		

三类城市生活与质量的关系

（5）交通与停车（Parking and Transportation）

城市交通与停车问题在现代城市中越来越突出，对城市的发展与城市的形态有决定性的影响。城市交通的组织，主次干道、高速公路、停车场、停车库以及路边停车等的布局与设计能形成城市的空间骨架，对城市的运行效率产生影响。因此，城市交通与停车是城市设计学科的另一条主线。

城市交通对城市环境有很大影响，设计得不好会使城市活动缺乏连续性，城市景观变得单调和枯燥。针对这一问题，国外的对策是：采用多种停车方式，包括多层次停车库、地面停车场和路边停车，特别鼓励建设地下停车库。无论哪种方式，都力求减少停车对城市环境和景观的影响。

近年来，许多城市在城市中心区的边缘建设停车库，并运用一系列管理手段鼓励城边停车，可大大缓解城市中心区的交通压力。同时，在中心区建设步行街和步行广场，既提高了城市环境质量又增强了城市的可居性。

也有学者提出"城市交通核"的概念，力求解决机动交通与人行可达的矛盾问题。

与国外比较起来，我国城市的交通问题更为复杂。除解决各种机动交通、人行交通外，还有非机动交通问题。因此，解决我国的城市交通问题难度更大。

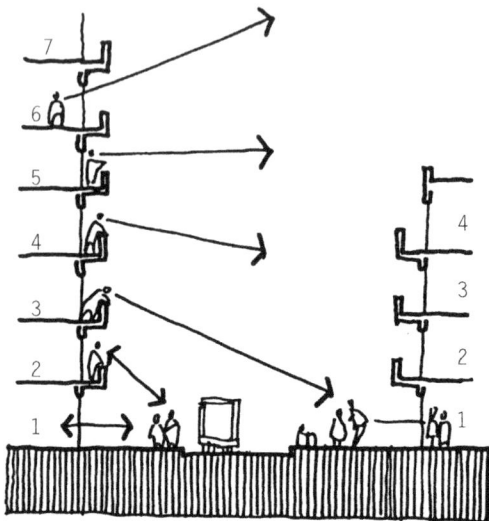

楼层与户外空间的关系

（6）保护与改造（Preservation and Conservation）

城市总是不断地在发展，继承与变化的矛盾是任何时期都存在的。城市环境是历史积淀的结果。应具有鲜明的历史延续性，对城市历史文化的保护也是城市设计学科产生和发展的主要原因之一。

《马丘比丘宪章》对城市历史保护的论述是："非但必须要保存并维护

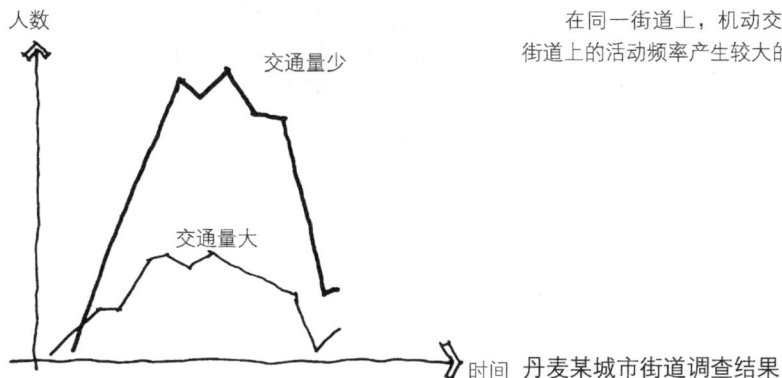

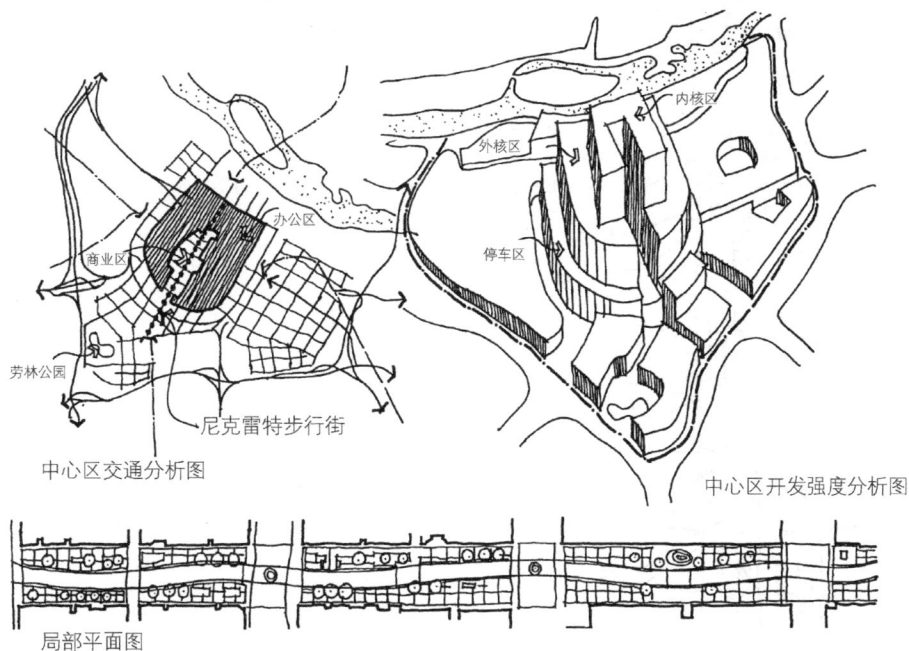

在同一街道上，机动交通的有无对人在街道上的活动频率产生较大的影响。

交通量少

交通量大

人数

时间　丹麦某城市街道调查结果

中心区交通分析图

中心区开发强度分析图

局部平面图

美国明尼阿波利斯市尼克雷特步行街

75

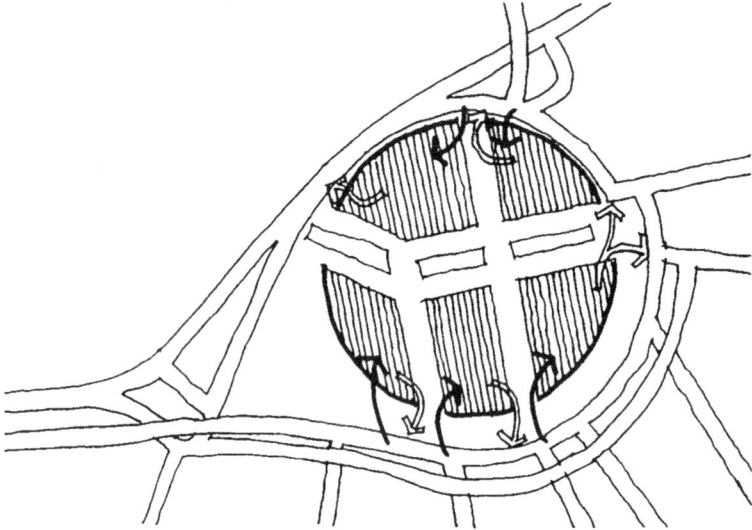

瑞典的"城市交通核"体系示意图

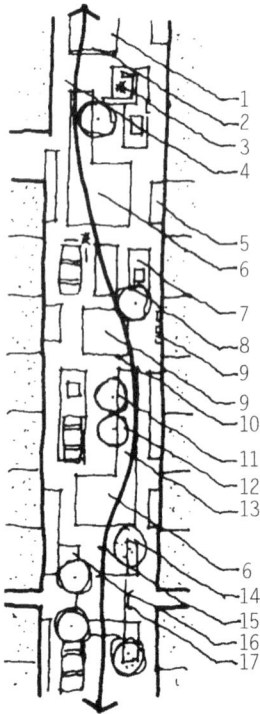

1—不连续的路边石	10—树木
2—私人通道	11—路面标志
3—休息区	12—停车标志
4—不同铺装	13—过渡区
5—散步区	14—花坛
6—道路转弯处	15—游憩区
7—停车区／游戏区	16—绿地
8—长凳	17—自行车停放
9—植被	

荷兰WOODNERF（也称为生活花园），提供了解决住宅区内人车混杂问题的有效办法，已被大力提倡和模仿。这是一条以行人为主的居住区街道，车辆可以进入该区，但限速8～14km／h。这条街道以人行优先，车行线是曲线的，行驶要十分缓慢和小心

机动车通道

荷兰 WOONERF 的标准平面图

好城市的历史遗迹和古迹，而且还要把一般的文化传统继承下来。"

对城市历史保护问题在经过一个时期的探索和实践以后，在概念上更加明确，即城市历史的保护是以保护城市的地方文化、景观特色和保护城市演变的历史连续性为主要目的。因此，除了保护历史建筑和历史名城外，还包括保护不同时期的优秀建筑、历史街道环境、历史性景观特色和地方性风俗民情。

历史区作为区划法的弹性分区之一，把城市历史保护纳入了法制的轨道。到20世纪80年代末，仅美国就有2000多个历史区。如美国波士顿市的历史区——培根山居住区，是城市中心区中整体保护的历史保护区，当进入这一区时，人们感受到的不是个体的建筑，而是整个地区的经济与社会生活，城市很具有特色。

此外，对个体建筑的保护也有许多成功的尝试，如建筑周围的景观控制、新旧建筑的和谐共生、城市环境文脉的视觉联系等。在法规方面

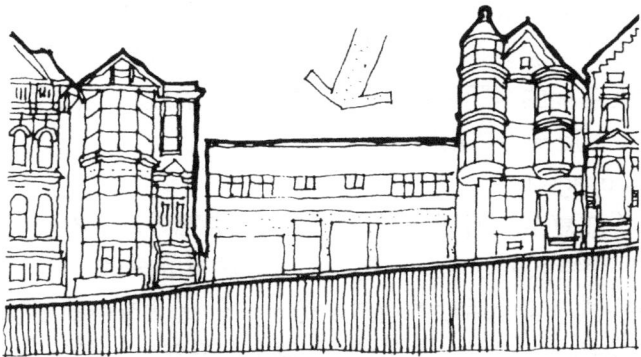

要求新建筑应考虑以下11个方面的设计与环境的视觉关系：①建筑轮廓线；②建筑面宽；③建筑红线退后；④开窗比例、开间、入口和其他装饰；⑤建筑形式组合；⑥入口位置及处理方法；⑦表面材料、面层和质地；⑧阴影模式和装饰特点；⑨建筑尺度；⑩建筑艺术风格；⑪绿化。

这11个方面不一定全部满足，其取舍因地制宜，由城市设计师根据具体情况分析后确定。若违反以上某些方面，环境的文脉关系将受到破坏

美国旧金山市低层居住建筑设计控制图

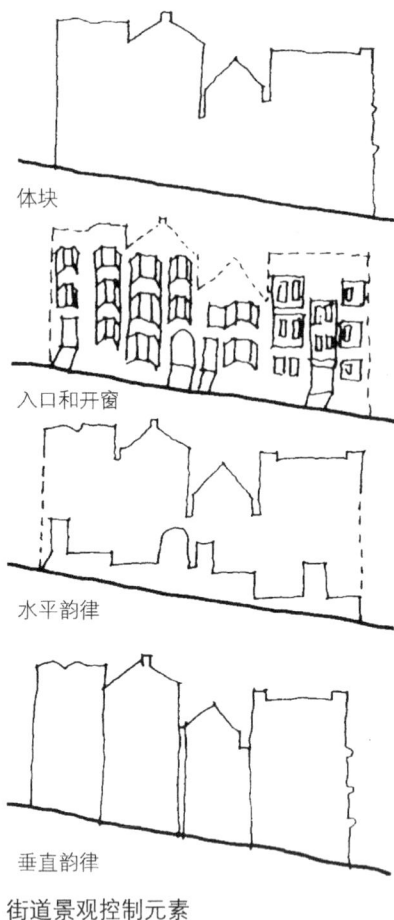

体块

入口和开窗

水平韵律

垂直韵律

街道景观控制元素

有空中开发权转让、建筑立面转让、选择使用，还有减免税收、增加建筑面积的奖励等。

目前，城市历史保护业已成为全球性的共识，1963年成立的国际文物建筑和历史环境研究会（ICOMOS）是一个国际性历史保护的学术组织，其影响很大，也很活跃，为这一工作的开展起着积极的推动作用。

柯普利广场位于波士顿市中心区的后湾区，周围是博物馆、图书馆，以及两座重点保护的历史建筑，也是早期麻省理工学院及哈佛大学医学院的所在地，占地 1hm²。一个世纪以来，柯普利广场的变迁反映了各种城市构成元素，如艺术传统、建筑风格、规划格局、交通及功能等方面的巨大变化和强烈对比。

在对广场周边建筑的改建中，最突出的算是贝聿铭事务所设计的汉考克大厦。这座 60 层高的庞大体量建筑与重点保护的历史建筑"三一"教堂近在咫尺，为了处理好两者关系，设计者采取的措施：一是平面采用平行四边形，从广场上看，两个立面成锐角相交，减轻了厚重感，尤其是面向教堂的侧立面上开了一个三角形凹槽，使大厦秀丽挺拔；二是整栋大厦均为玻璃幕墙，有效地将"三一"教堂的景观反照在墙上，而获得了扩大空间的实际效果。这一建筑设计的成功不但没有破坏广场的特色和尺度，相反却为广场增添了一景。

（7）标志与标牌（Signage）

现代城市规模大，构成复杂，而现代城市生活又讲究高效率。在日常生活中，城市的标志与标牌给人们以指向，是人们认知城市的符号。

城市的标志与标牌是城市商业活动的组成部分，它们比城市中的建筑更加引人注目，包括道路指示牌、广告、宣传牌、牌匾和灯箱等。一般来说，

断面图

1825年的昆茜市场

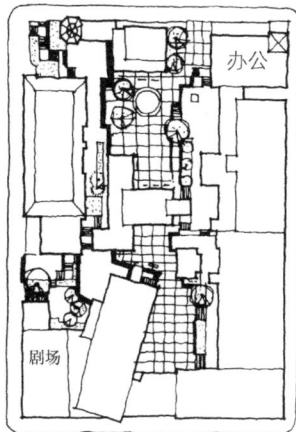

办公

剧场

平面图

图中除特殊标注外，建筑
的使用性质均为商服建筑

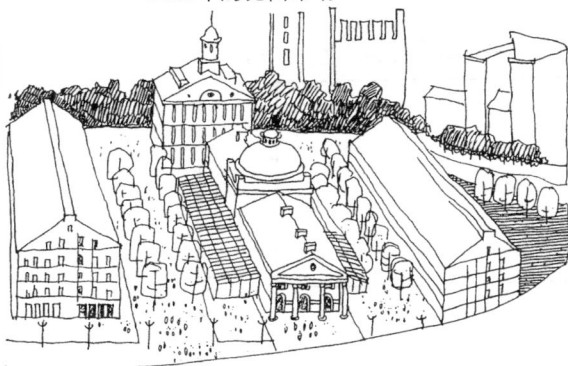

美国旧金山市吉拉德广场改造

美国波士顿市昆茜市场改造工程

三一教堂

柯普利广场

汉考克大厦

平面图

美国波士顿市柯普利广场中新旧建筑的关系

城市的标志与标牌都在人们的视阈范围之内，且色彩鲜明、造型活泼，有时配以奇妙的灯光和音响，可以烘托环境氛围，起着画龙点睛的作用，是城市景观的重要元素。

标志与标牌是东方社会城市景观的特色之一。为了清理不规范的标志与标牌，台北市的城市设计者作了认真研究，认为虽然城市标志与标牌是建筑物的附加物，但属于街道景观元素之一，应该作为城市设计的范围。

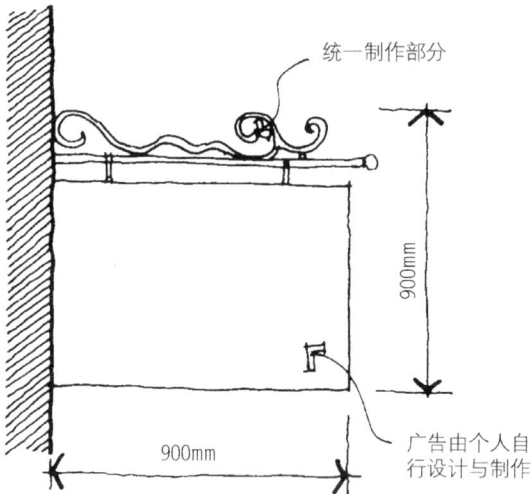

台北市对城市标牌广告的规定

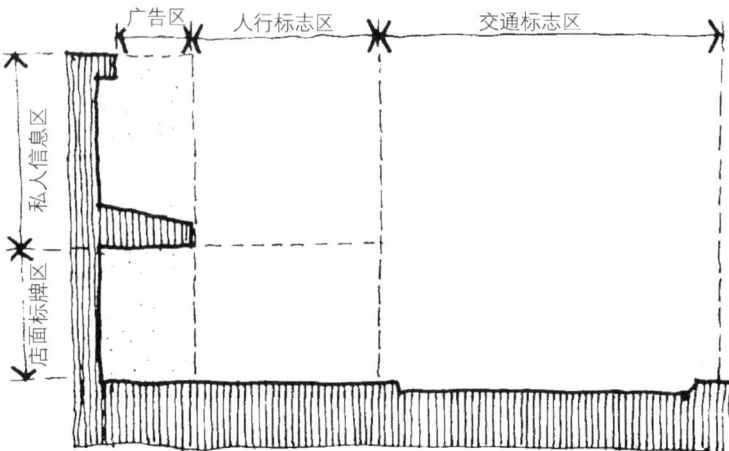

美国查尔罗特市标牌设计导则

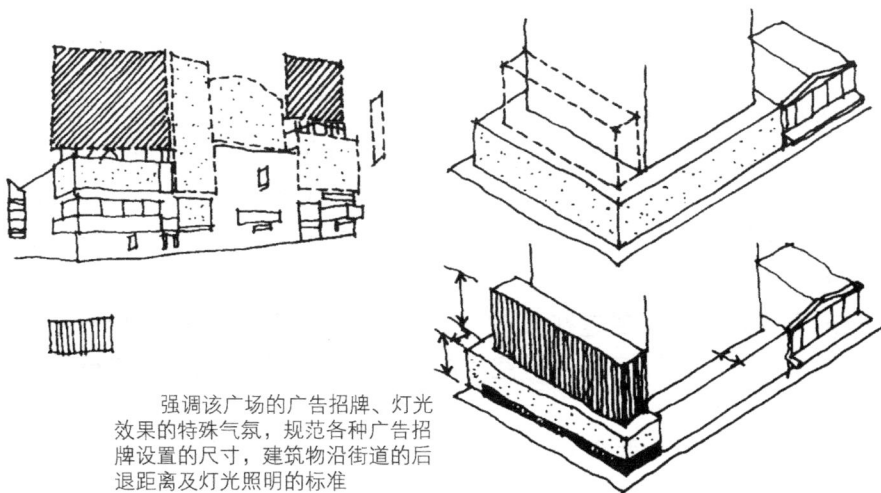

强调该广场的广告招牌、灯光
效果的特殊气氛，规范各种广告招
牌设置的尺寸，建筑物沿街道的后
退距离及灯光照明的标准

美国纽约市时代广场标牌广告规定

在城市设计时，对标志与标牌设置的高度、位置和样式都作了统一的规定，使其具有连续和谐的景观效果。

哈尔滨市中央大街改造成步行街，而且获得了成功，其中重要的工作之一是改造工作突出街道的固有特点，清理了两侧建筑上杂乱无章的标志与标牌，把街道界面独特的形象重新展现给了城市。这一措施也加强了城市的历史文化特色，深受市民的喜欢。

（8）步行区（Pedestrian ways）

步行区在区划法中被称为"Traffic Free Zone"，即人车分离、没有机动车辆行走的区域，以此保证行人的安全，减少空气污染，维护城市活力，

改造前

改造后

美国某城市对建筑立面的广告招牌控制的效果

丰富城市景观。此外，步行区的建设对城市环境质量的改善和城市经济的发展还有着无法量化的正面影响。

在欧洲，很早就有了建立城市步行区的意识。早在工业革命以后，就出现了定时禁止机动车辆通行的半步行街。然而把步行区作为城市设计的元素还是在 20 世纪 50~60 年代城市设计学科发展的高潮期，它作为城市历史保护的策略和与郊区购物中心竞争的手段受到人们的关心，当时的实践活动也异常活跃。

城市步行区建设主要是在城市一定区域内，通过步行街、步行广场、人行天桥、人行地道和室内步行空间的规划建设，形成完整的步行系统，创造有活力的城市环境。

步行区建设主要从两个方面考虑：一是计划，即对可达性和多样性的考虑（可达性是处理交通问题，包括交通组织、人车关系、容量适宜和来往方便；多样性是解决活动内容，包括购物、娱乐、休闲、办公等）；二是设计，即对环境设施的考虑，应适于功能、尺度美观、材料可行、坚固耐久、布局合理。

在美国，第一个城市步行街和人行天桥系统出现在明尼阿波利斯市，

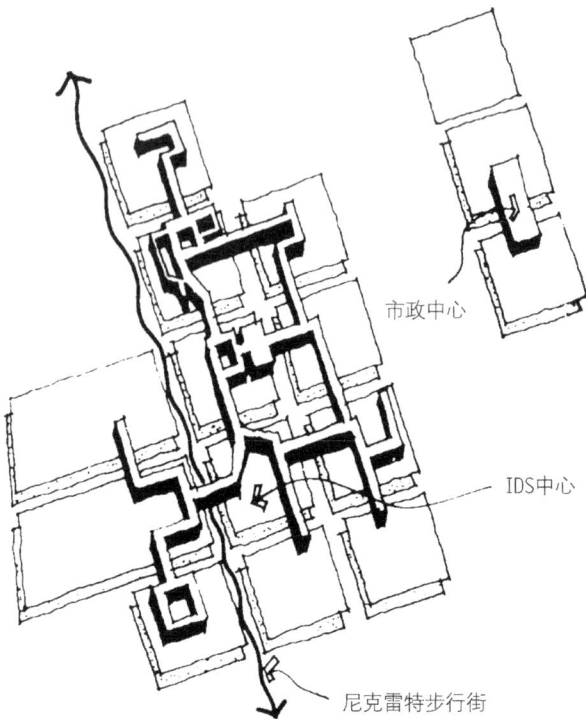

市政中心

IDS中心

尼克雷特步行街

美国明尼阿波利斯市人行天桥系统和尼克雷特步行街

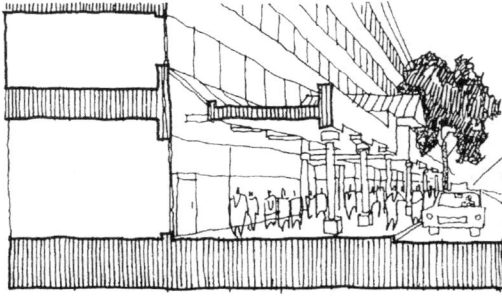

人行道处理举例

尼克雷特步行街的人行天桥

即尼克雷特步行街和中心区的天桥系统。这条步行街只允许少量机动车辆通行，机动车道是弯曲的蛇形道，既赋予了街道以动态，又限制了车速。天桥系统覆盖城市核心区的所有街坊，核心区周边设多层停车库，人们通过人行天桥可以到达所有大型公共建筑，使中心区成了极富人情味的"大社区"。

　　我国步行街建设始于 20 世纪 80 年代初，开始的步行街设施都很

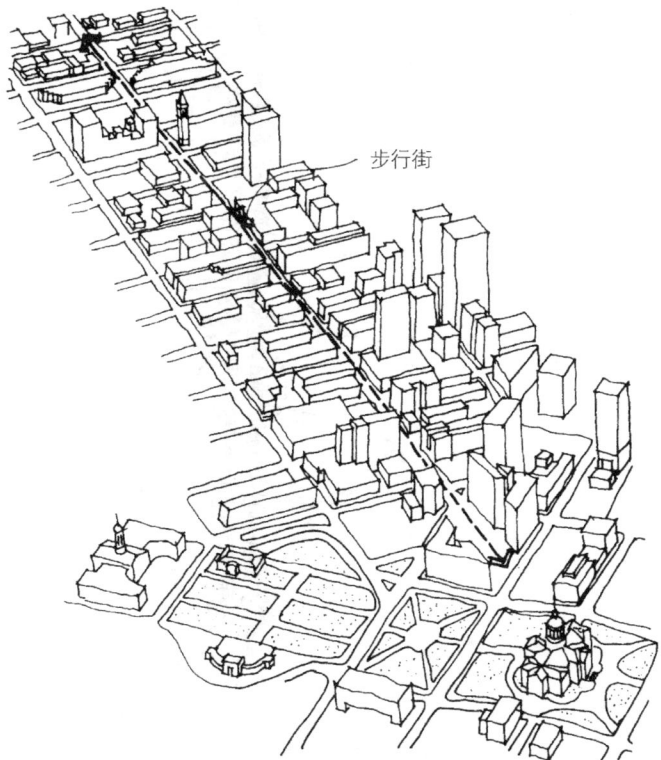

美国丹佛市城市步行街

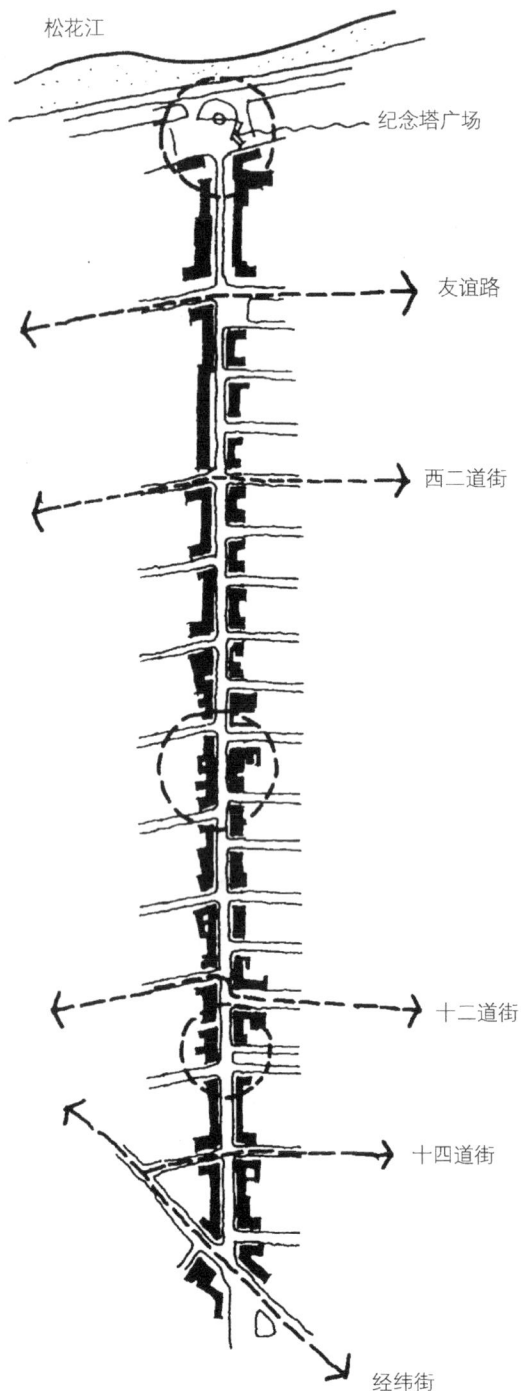

松花江

纪念塔广场

友谊路

西二道街

十二道街

十四道街

经纬街

哈尔滨市中央大街步行街

每一个单元都有独立的车行道和人行道

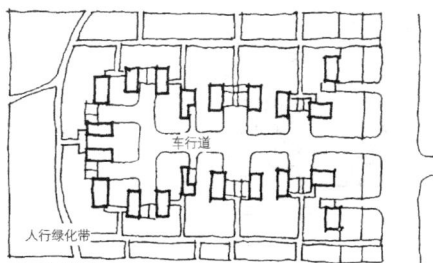

绿化带

总平面

车行道

人行绿化带

典型平面

机动车

人行绿化带

机动车

断面

　　美国规划师斯帝恩1929年基于居住邻里概念提出居住区中人车分离的居住区规划。中部是大面积的步行绿化，行人在这里与机动车严格分开，甚至看不见车辆。这一概念对美国郊区的建设有着积极的影响，被认为是郊区居住建设的里程碑

人车分离的居住区规划

简单，仅仅是将原有的街道封闭，限制机动车辆通过，成为以步行为主的街道。以后步行街建设逐渐规范化，设施逐渐齐全，出现了许多优秀的步行街和步行广场。如哈尔滨中央大街的改建充分发挥沿街建筑特色和街道铺装的优势，形成步行街，并对两侧建筑和街道设施进行了统一设计和维修，建设休闲区、突出特色活动，建成了国内外闻名的步行街。哈尔滨中央大街步行街的成功也带来了巨大的经济效益，据改建后一个月的统计表明，中央大街沿街商店的销售额比上年同期增长 25%，最高达到 30%，客流量增长 1.5 倍。民意调查表明，中央大街已经成为市民心目中重要的城市形象特征之一。

　　目前，城市步行区的建设更趋于完整和成熟，又有学者提出了"城市生活核心"和"城市细胞"的概念，相信会给城市环境带来新的生机。

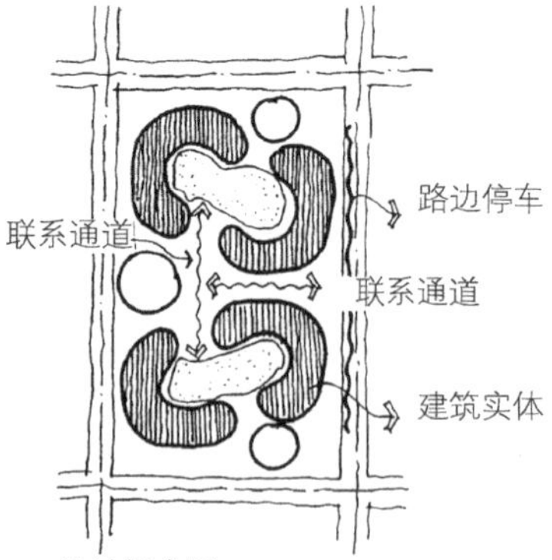

设计概念图

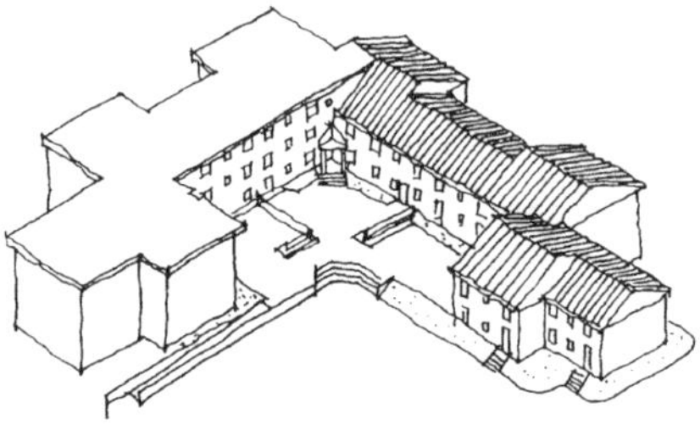

建筑体块及庭院

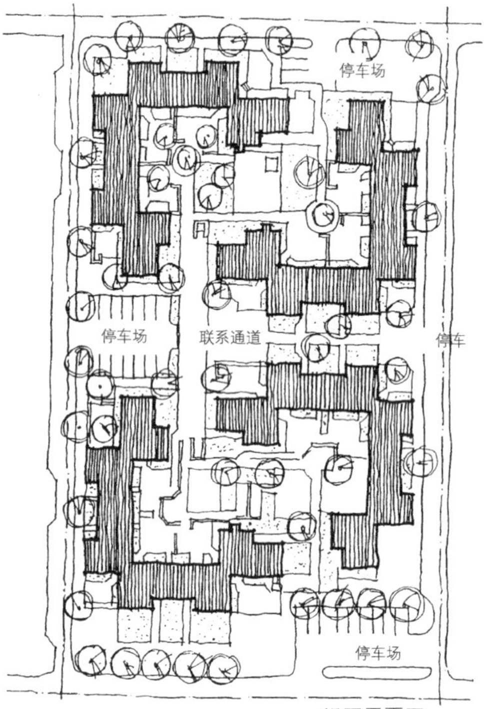

组团平面图

在组团用地范围内，划分出两个完全步行活动的庭院，由四栋建筑围合成，既相对独立又相互联系，通过景观处理和交通组织形成街坊内部的私密、半私密空间，满足人的居住对外环境的要求

美国波士顿市西百老汇大街居住区改造

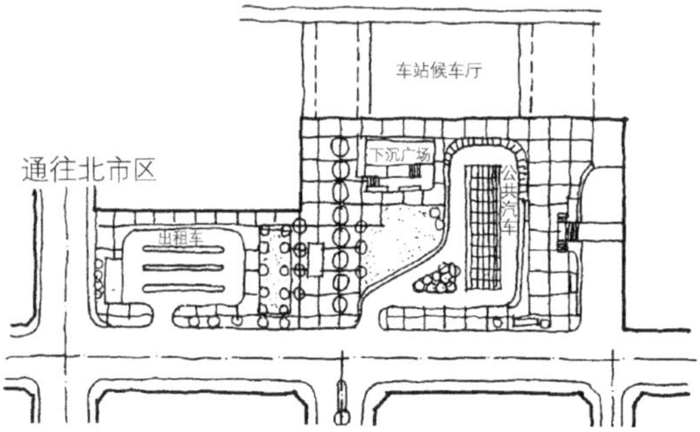

广场平面图　通往南市区

环境要素处理之一——广告牌

日本札幌车站广场改建中步行区环境设施的选择

日本札幌车站广场改建方针与步行区环境构成要素的对应关系

设计基本方针	设计概念及对策	广场空间的构成要素					
		生活广场		南北联系通路		交通广场	广场与周边的界线
		广场-A	广场-B	西侧通路	东侧通路		
形成以步行为主的"客厅"的特色空间	开敞空间,引入水与自然要素	亲水空间、乔木型绿化	绿地、水景	自然特点的城市轴线的起点	绿化带分出的休息设施	独立的停车区	
	形成冬季城市的特色景观	下沉广场				乘车与停车空间一体化	
交通功能与生活功能兼备,整体处理	机动车与人行分离					与地下入口连接	
	人车之间引入绿化带,停车场内栽植乔木型绿化		交接部绿化带			停车场绿化	地形处理
具有从南北到到东西整体化的地上、地下空间	地上、地下、空中立体化步行通道	地下、地上二层通道	同左	同左	同左	同左	
	利用现有地上、地下的通道特点	下、上通道的主要出入口	同左	强调出入口的标志性	同左		结合步行道出口设计
为节日庆典、交流交往提供核心空间	市民观光、庆典、聚会、休息的广场空间	四季使用	四季变化的观赏空间	同左	与交通中心联系		
	具有信息服务和灵活使用功能	信息服务点	多功能的绿荫广场	人工与自然交融的步行通道	人工音乐喷泉电视屏幕	统一设计的交通信息设施	
设计宗旨		地上、地下有机结合的下沉式广场			高效率的城市型步行通道	以绿化为主要格调的停车场	充满自然氛围的室外空间

2. 原则

（1）服从城市总体规划

我国城市规划编制办法中指出："在编制城市总体规划的各个阶段，都应当运用城市设计方法，综合考虑自然环境、人文因素和居民生产、生活的需要，对城市空间作出统一规划，提高城市的环境质量、生活质量和城市景观的艺术水平。"可见，城市设计应贯穿于城市规划的全过程中，通过城市总体规划中的形体环境规划反映出来。如城市发展方向和功能布局，城市土地和空间资源的利用，建筑体量、形式与风格，开放空间和绿地系统，道路与交通，城市主要景观控制等。

由于城市设计包含了城市总体规划中形体环境规划的一部分内容，从城市建设的层次上讲是城市总体规划的延续和深入，是从二维的平面规划向三维的空间建设的过渡。所以，城市设计应以城市总体规划为前提，保持城市总体目标的连续性和城市建设的协调发展。

城市总体规划所确定的功能布局、人口密度、土地开发强度等指标也决定了城市每个具体地段空间形态的设计。城市设计只有局部服从整体，只有在这些指标的控制之下才能创造出高质量的城市环境。反之，这些局部环境又可以对整体城市环境的协调发展起到积极的推动作用。

（2）满足人的需求

人是城市空间的主体，人的相互作用和交往是城市存在的基本依据。城市空间就是为市民大众提供相互作用和交往的场所。然而人的需求总是在不断地变化和发展，城市也不断地新陈代谢，因此，城市设计应研究城市生活的规律，研究不同时间和地点人们的活动特点，满足人们对城市环境的需求，否则城市设计就缺少了灵魂。

1943年，美国人文主义心理学家马斯洛在《人类动机理论》一书中提出了"需要等级"理论，他认为人类有五种主要需求，由低到高依次排成

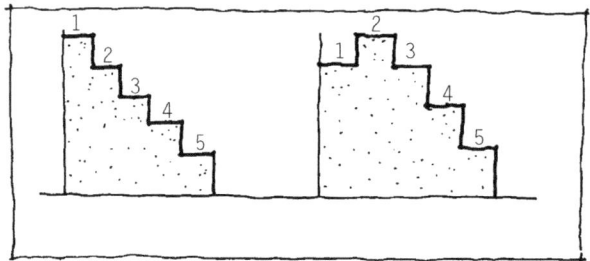

人的需要等级图

一个阶梯。这五种需求是：生理需求、安全需求、社交需求、自尊需求和自我实现需求。

各类需求的关系并非完全固定不变，可因时、因地、因不同的外部环境出现不同类型的需要结构，其中总有一种需求占优势地位。

以上五种需求与城市设计都有关系，如生理需求——城市环境的微气候条件；安全需求——交通安全、设施安全、可识别性；社交需求——城市公共空间建设；自尊需求——空间的私密性、归属感；自我实现需求——城市特色、社区特色、建筑特色、公众参与。

在低层次需求获得满足之后，才有可能发展到下一个高层次的需求。城市设计应在满足较低层次需求的基础上，最大限度地满足高层次的需求。

我们通过城市设计理论研究的趋向可以看出，对人及城市生活的重视，强调以人为中心，是 20 世纪 80 年代以来人们对城市设计的共识。

城市设计研究的发展过程

发展阶段	20 世纪 50 年代 →	20 世纪 60 年代 →	20 世纪 70 年代 →	20 世纪 80 年代
开发重点	形体环境 →	社会 →	政治 →	经济 → 综合
形体环境	再开发 →	恢复 →	自我更新 →	保护
社会方面	生活标准 →	社会服务 →	社区意识 →	个人理想 → 相互影响
公众方面	信息 →	咨询 →	参与决策 →	自己动手
政府方面	权力集中 →	权力分散 →	组织协调 →	指导
经济方面	政府投资 →	多方集资 →	奖励 →	多种形式
开发规模	按计划开发 →	小规模开发 →	多种规模	

在考虑人们的生理需求方面，城市形体环境应满足人们在城市环境中活动时的生理需要，使用各种设计手段创造适宜的微气候条件，尽最大可能为城市环境提供阳光、绿化和水，减缓风速和空气污染。有些城市还创造出许多抵御外界不利气候条件的手段，取得了许多可以借鉴的经验。如以"冬季城市"为主题的探索，为城市生活提供了全天候、全气候的空间环境。著名的实例有美国明尼阿波利斯市封闭的人行天桥系统，加拿大渥太华市的"暖房式"人行道和蒙特利尔市的地下人行道系统等。

城市环境的可识别性对满足人们安全需求有重要作用。良好的城市结构不但有助于人们识别城市的方向和方位，松弛人们由于对城市的陌生而产生的紧张感和不安全感，还能引发人们对环境归属感的需求。

美国的索斯沃斯在"当代城市设计的理论与实践"一文中，对美国 20 世纪 70 年代以后城市设计的研究与设计作了统计、分析和总结，指出当今的城市设计对环境特征的关心尤为突出，其中城市结构和可识别性问题居于首位。林奇提出的城市形象理论也是以此为基础发展起来的。

（3）突出地方特色

一个城市的特色是这个城市有别于其他城市的形态特征，它不仅包括城市的形体环境形态，而且包括城市居民的行为活动、当地风俗民情反映出来的生活形态和文化形态，带有很强的综合性和概括性。

城市在其发展过程中，总会带有它的历史和文化痕迹，城市的地形、地貌、气候条件的影响也会表现出来，由此形成了自己独特的物质形态。每个城市都存在着这种"特色机制"，存在着形成特色的潜能。城市设计只有尊重这一客观事实，城市才有自己的"根"，才能为城市居民所接受和喜爱，才能吸引参观者和游客。

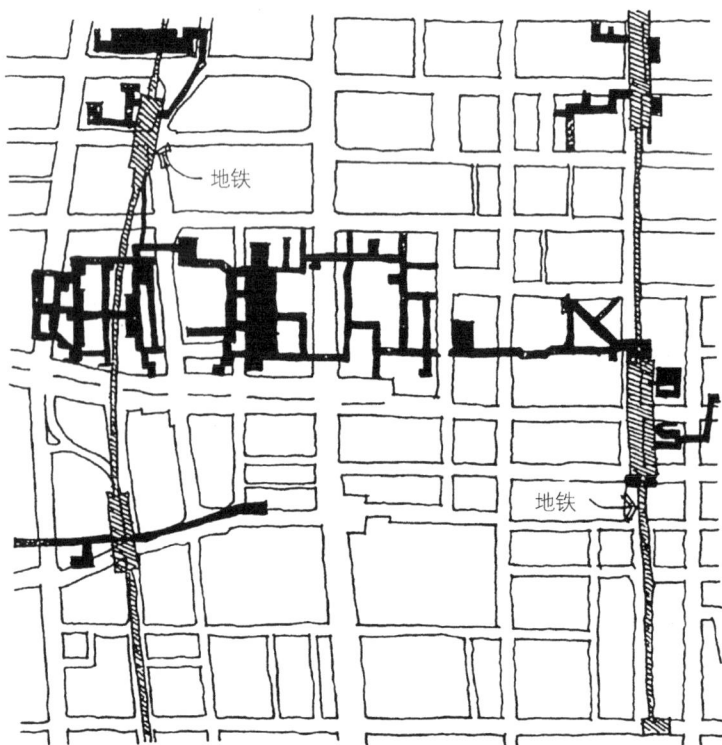

加拿大蒙特利尔
市中心区地下人
行步道

　　然而，对城市特色的感受并非是设计者个人的主观臆断，而是实实在在地通过对城市居民的"公众印象"调查和访问，从中归纳、分析和提炼出来的。由此得出的结论才可以作为城市设计创作思想的依据，使设计者明确城市设计应建立的目标。

　　在美国，"城市自身意象"（Urban Self-image）是反映城市特色主题思想的一个重要概念。这一概念的建立有助于城市特色的保护与挖掘，如旧金山市"海滨山地城市"的自身意象，认为"街道和建筑如不强调地形，就会使城市的形象和意象不那么明确"。所提出的"山形主导轮廓线"的控制原则不但保护了城市的自然风貌和天际线的美，同时也增强了城市居民的邻里概念和对城市的自豪感。

　　世界其他国家也有类似的主题思想，如日本东京市在 20 世纪 70 年代提出的"我的东京城"概念，欧洲一些国家在历史城市的保护中提出的"光辉的历程"的城市生活景观路线等，不但增加了市民对城市的了解和热爱，也使城市自觉地向城市特色的目标发展。

　　在美国波士顿市城市中心区城市设计方案中，把中心区划分出几个不同的特色区，如文化区、金融区、历史区和滨水区等，每一个区段的划分根据使用活动、环境模式、历史背景和地理位置等因素来确定。各区之间既相互独立又有联系，共同构成中心区的整体环境，空间的条理性和识别性很强。

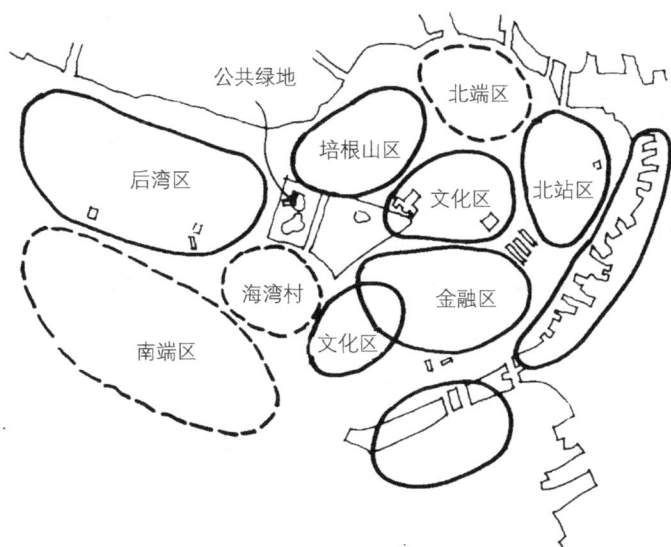

美国波士顿市中心区特色
区划分

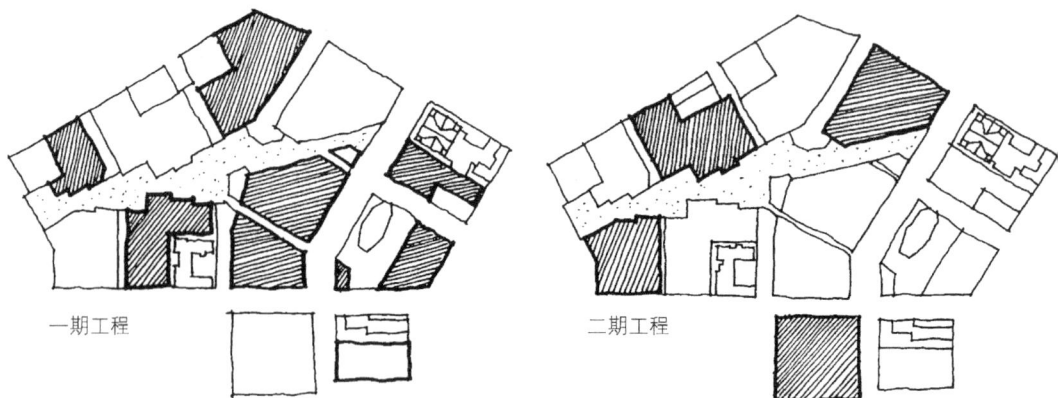

一期工程　　　　　　　　　　　　　　二期工程

美国明尼阿波利斯市劳林公园街区分期实施图

（4）考虑不同的时空效果

城市设计应该从三个方面考虑城市形体环境变化和建设的时空效果：一是开发建设实施的时序性，考虑在有机发展、滚动开发的实施过程中，城市环境在不同的实施阶段、不同建设步骤时的城市景观形象；二是人与环境空间关系随时间的变化，人在环境中运动时所展开的空间序列；三是一年四季、一日之内不同时间的景观变化，如季节变化对景观的影响和城市夜景观的研究。

在美国明尼阿波利斯市劳林公园街区的改造中，整体考虑街区的城市设计方案，而对开发活动则分两步实施。在设计中对每个地段都做了较详尽的管理条例和设计导则，保证了城市设计思想的贯彻，作为提高整体空间环境质量的前提。

城市公共空间是一个多元的、连续的序列空间，因此，在空间设计中应考虑人在空间运动时空间对人的作用和人对空间的感受，使城市空间形成一连串系统的、连续的画面，从而给人留下深刻的印象。对于形体环境的构成元素也应考虑人在运动时在不同视点、不同角度和距离对这些元素的观察，以确定对建筑立面处理的具体要求，如尺度、质感和细部考虑的深度等。

"城市夜景观"课题的提出是考虑不同时间城市景观变化的美学问题，它是满足现代人城市生活的需要，维持城市空间 24 小时充满活力的重要措施。近年来，我国许多城市开展了"城市亮化工程"，取得了可喜的成绩和成功的经验。如上海市外滩的夜景观，哈尔滨市冰雪节中的冰灯游园活动等，为城市增添了新奇和神秘的景观色彩。

在立面处理时，应考虑建筑视觉丰富性的程度。它取决于三个因素：决定视线高度的视距；观赏者的数量；观赏者停留时间

最大观赏距离（m）

决定视线高度的视距

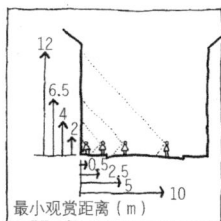

最小观赏距离（m）

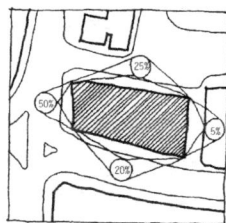

观赏者的数量

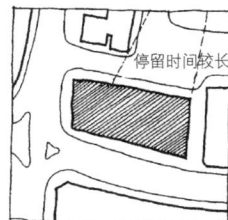

停留时间较长

观赏者停留时间

立面处理与视觉的关系

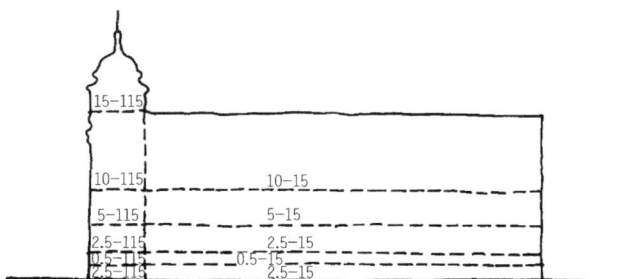

南立面 20%观赏者

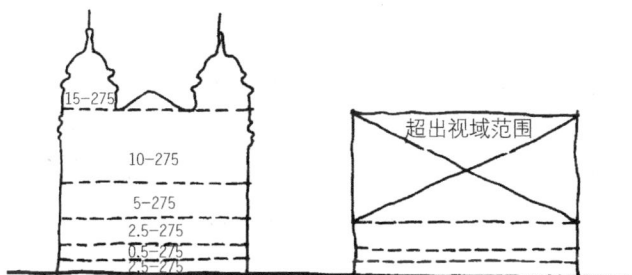

西立面 50%观赏者　　　东立面 5%观赏者

超出视域范围

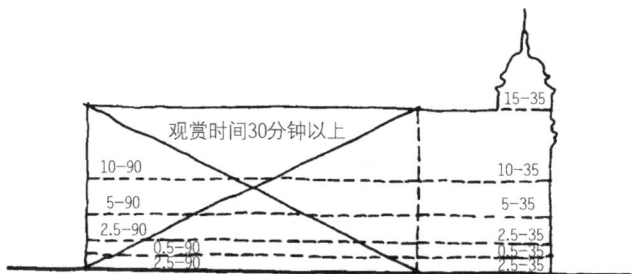

观赏时间30分钟以上

北立面 20%观赏者

93

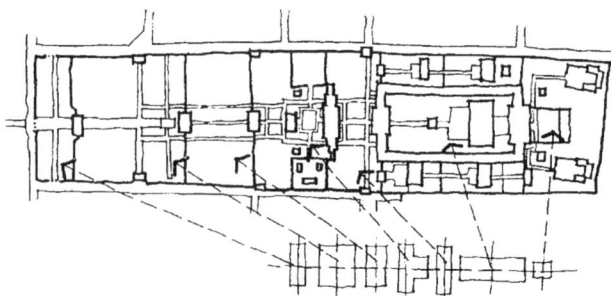

空间序列通过大小、形状、方面、开敞与封闭形成对比

曲府孔庙空间序列分析

（5）遵照美学原则组织设计元素

——创造格局清晰的景观秩序。对于每一个城市或特定的地段来说，都有其固有的姿态，展示着一种约定俗成的秩序，它或许需要调整和完善，或许需要发扬光大。这些秩序只有依靠设计者的敏锐观察加以感知。对于设计者来说，这既是一个挑战，也是设计创作和评价设计优劣的准则。

城市设计把城市视为一个有机的整体，从总体上应创造格局清晰的城市景观结构，犹如笛卡儿坐标系的作用一样，使人们易于捕捉空间定位的参照系，感知城市空间的逻辑关系。利用和突出独特的人工和自然景观元素是创造城市景观秩序的有效方法，如巴黎的埃菲尔铁塔、北京的天安门城楼、堪培拉的国会山、波士顿的马萨诸塞州政府大楼、哈尔滨的防洪纪念塔等，都是创造城市景观秩序的"可用元素"。

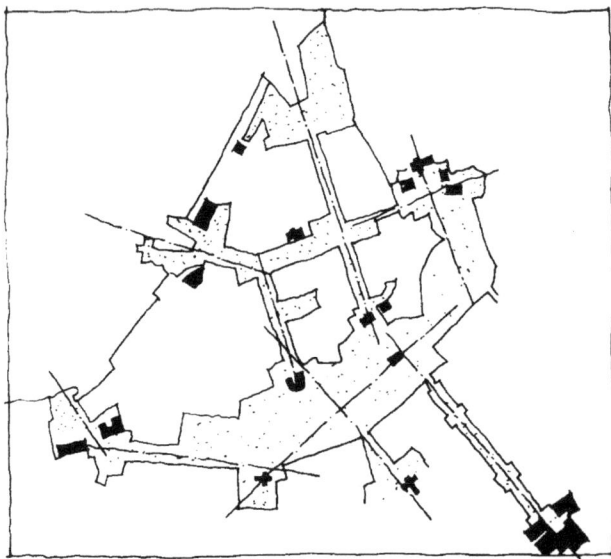

通过空间结构和视觉关系分析为将来开发建立环境秩序

瑞典歌德堡市城市设计

巴黎埃菲尔铁塔及环境

　　每一个具体地段在城市的大构架中既相对独立，又相互依存和影响，互相之间均以良好的秩序存在。只有找出城市空间的这种"环境力"，城市设计方案才能为市民所接受，才能具有生命力。

　　——保证空间界面的连续与变化。城市空间的界面一般被称之为城市墙或街道墙，这一词汇由"Urban wall"或"Street wall"翻译而来，指的就是构成街道、广场及由建筑物集合成的界面，是城市空间中一种特有的环境模式，它的存在给城市空间赋予了各种性格，如开敞、宏伟、亲切、舒适等。

　　在城市设计中应针对设计地段的环境条件，把对城市空间界定面的处理纳入城市环境中，才能创造出生动的空间序列，保证空间秩序性和多样性的统一。

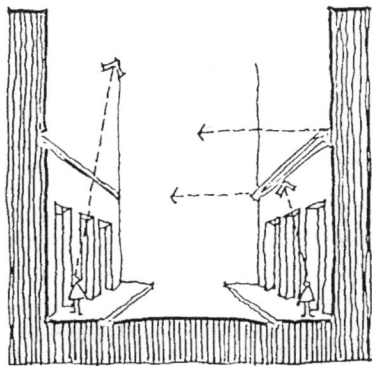

旧金山市城市建筑的一个重要特征是建筑的檐口处理，建筑基座部分的街道墙应采用檐口处理的方式，对于高层建筑要求基座高度在街道高宽比0.5~1的范围内，做凸线角处理以形成有效界定。上下两个部分应作对比处理，在线角以下强调人体尺度

美国旧金山市城市设计
对街道墙的控制要求

视线

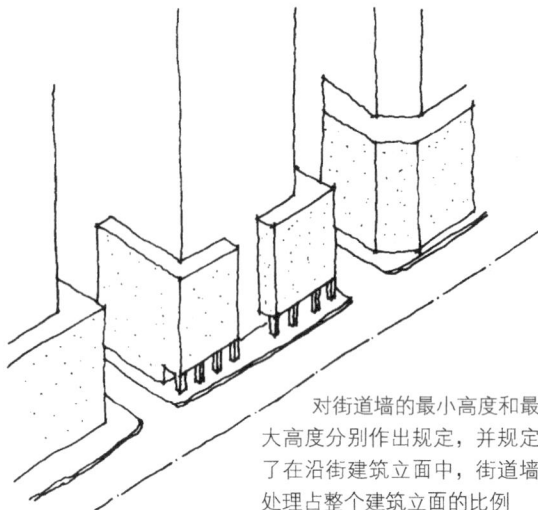

对街道墙的最小高度和最
大高度分别作出规定，并规定
了在沿街建筑立面中，街道墙
处理占整个建筑立面的比例

在视觉上对城市空间"有效界定"的办
法能减少高层建筑对城市空间的压抑感

美国纽约市曼哈顿中城区城市设计街道墙的控制要求　　对街道空间的"有效果定"

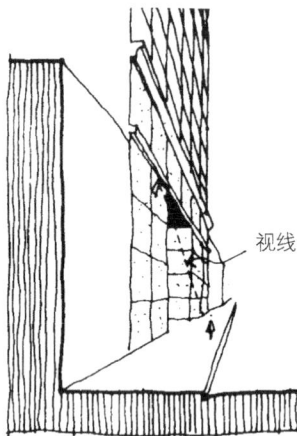

屋顶：墙体、墙顶的建筑处理
应考虑与周围建筑的协调关系，由
于该建筑位于街角，转角处屋顶应
重点处理

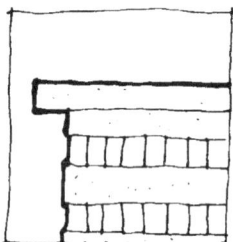

水平带形窗和大
挑檐将使建筑与环境
格格不入

开口：入口处应少设踏
步，室内外高差应在室内大厅
中解决，保持"冬季城市"建
筑入口的特点

大台阶的处理不
仅破坏历史街区的环
境模式，也给使用者
带来不便

**哈尔滨市某商业区街道墙控制
设计图例**

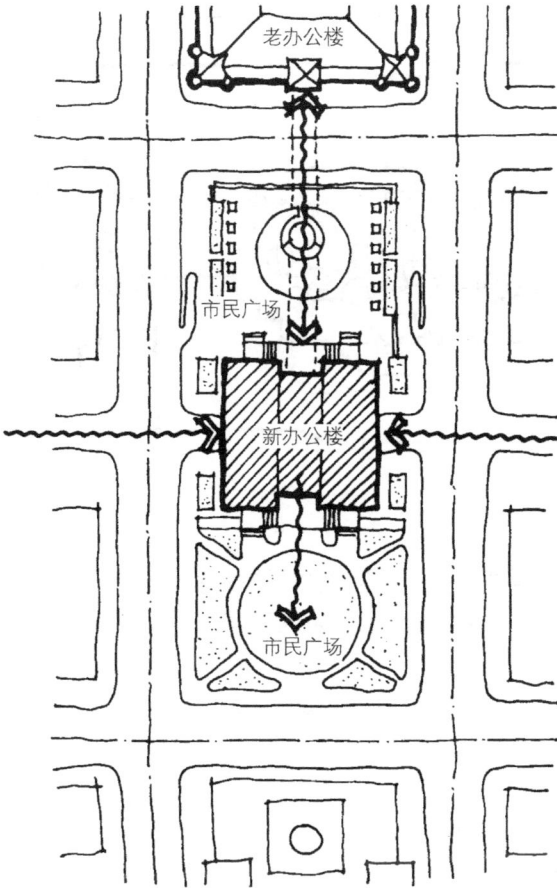

美国明尼阿波利斯市市
政府办公中心平面

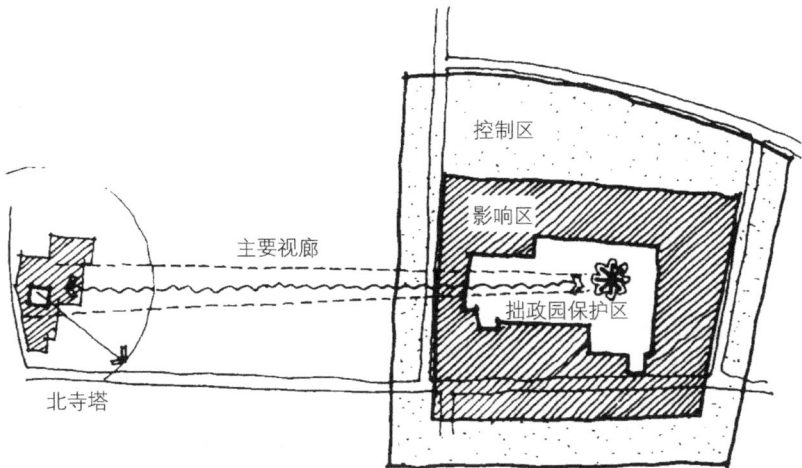

苏州拙政园保护规划

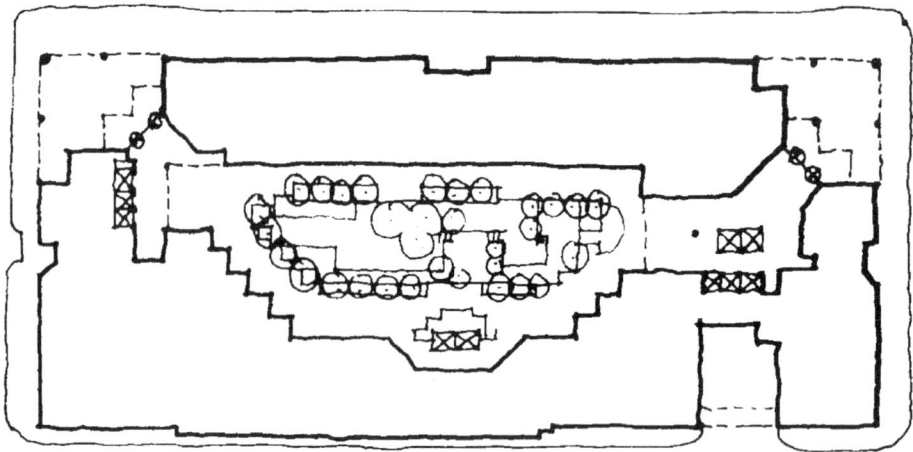

美国费城证券交易所大楼平面

  ——提供轴线和景观条件。寻求城市空间的秩序在某种意义上是在城市环境中寻求景观上的轴线关系，运用轴线的引导、转折、延伸和轴线的交织等手段，建立空间秩序。

  在确定轴线的基础上，在重要节点通过提供视阈条件，如视点、视角、视廊等，形成对景、借景、空间流动的艺术效果。

  ——注意室内外空间的交融和渗透。现代城市空间已不限于室外空间，随着建筑使用性质的综合和规模的增大，中庭和室内步行街业已成为城市空间的新类型。因此，在城市设计中注意室内外空间的交融和渗透，形成亦内亦外的"灰"空间，可以为城市空间增添趣味性和景观层次。

第五章 过程与成果

1. 过程

城市设计作为一门设计类学科，既有与其他设计学科相同的设计过程和程序，也有自己独特的过程和内容。这些过程由以下6个相对独立的设计阶段组成，每个阶段之间都有连续的信息反馈，从而对设计和建成的环境进行修改和改造，使之趋于合理化和理想化。

以下是对这几个阶段的论述。

（1）现场调查

城市设计活动并非开始于图板上，而是从对城市环境的认识开始。为了对城市环境有准确、真实的认识，设计者应全面了解城市的总体环境和设计地段的具体情况，这就需要现场调查，借助现场调查设计者可对设计环境有一个比较全面的了解和体会。

现场调查应掌握以下信息和资料：

——城市历史发展过程和城市总体规划情况。包括相关的历史事件、发展模式和演变过程、总体规划思想、城市结构、规划实施情况以及城市总体规划对设计地段的要求；设计地段的土地使用、建设项目、条件限制，如容积率、建筑密度、建筑高度等。

——设计地段及周围相关环境的形体方面的情况。包括自然环境条件、气候条件、地形地貌和地质情况；土地使用现状、设计范围、道路红线位置、产权归属、原有建筑现状、地段的坐标和标高；交通现状，如交通规划、交通量、使用者活动规律等。

——地方风俗习惯、建筑风格与特色。包括当地的生活习惯、行为规律、建筑的体量与尺度、色彩与材料、空间模式等。

——地段环境的经济社会方面的情况。如开发潜力、发展机会、公众的要求等。

对于城市设计师来说，比较有效和常用的现场调查主要有两种方法。

——询问调查法。是以询问的方式收集设计信息资料的方法，包括走访调查、问卷调查等。其中问卷调查法已经被广泛采用，被认为是城市设计有效的调查方法。通过问卷结果的统计和分析可以了解城市居民对环境建设的意向和建议。

然而，问卷的编制十分重要，问卷的编制方式和安排顺序力求中性，避免暗示。问卷的问题应具有明确性、独特的选择性。

问卷一般由两部分组成：一部分限于事实性信息，具体方式如同一个工作申请表；另一部分更多地涉及态度与观点或有关部门的信息。

良好的问卷应使被调查者容易理解、回答方便，所获得的信息容易自制、列表和分析。

——观察调查法。是设计者亲临现场，从侧面观察人们对地段的使用情况，收集信息的方法。这一方法多用于交通调查和使用者行为调查。由于被调查者没有意识到自己在受调查，因此，这种调查比较客观，其手段有记录、录像、照相等。

观察调查法也经常运用统计方法以求得定量的结论。

为了便于记录，观察调查前应设计好记录表格，如按不同季节、不同时间、不同天气情况建立参照数据，供比较分析，或准备好地段的平面图供定点记录。

美国城市设计家凯文·林奇就积极倡导和从事问卷和现场踏勘形式的调查方法，通过调查，为城市设计提供依据和主题，来指导城市设计的决策和实施。目前，这一方法已成为程式化的设计过程和方法。

此外，公众可参与调查，如让使用者根据自己的记忆和印象画城市环境的意象图；到城市规划部门和城市建设档案馆走访和收集资料，听取城市建设部门的意向、建议也是调查的重要环节。

（2）资料分析

实践证明，所有的设计活动都离不开设计分析。借助系统的分析方法可以透过所获得的信息资料准确地发现问题、把握机会，使信息资料成为设计方案的向导。

城市设计的资料分析主要有以下几个方面：

——功能分析。这是最基本的分析内容，主要考虑各项用地的使用关系以及它们与城市交通的联系。这项工作虽然是城市规划研究的范畴，在城市规划文件中可以找到依据，但是城市设计必须与开发项目相结合，将规划结果应用于对三维空间的创造。

在对各项功能分析的基础上，城市设计还应对各项功能之间的连接、

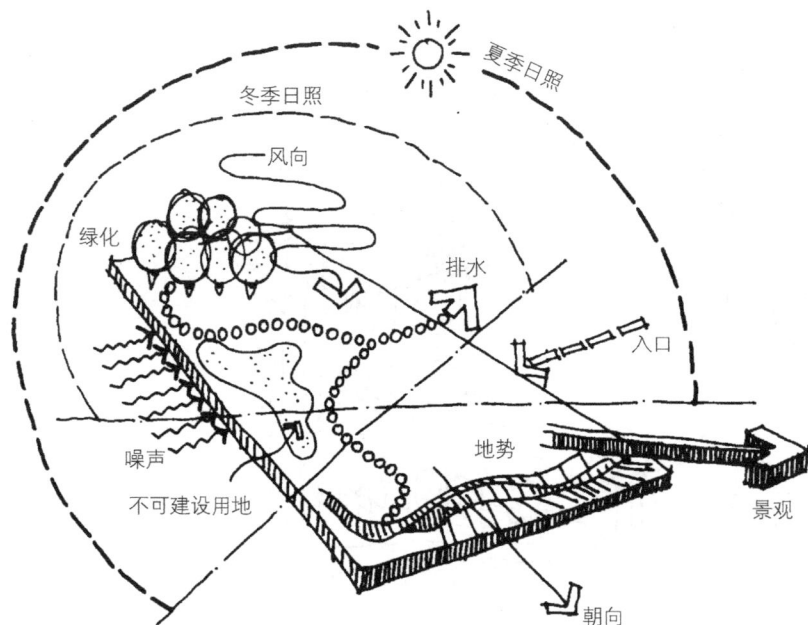

设计场地环境分析

兼容、并列、叠合与分离作出判断，确定合理的功能组合、相对的空间关系和城市交通的联系。

——空间景观分析。运用各种空间分析手法，如图底关系、联系、场所等分析方法，对设计地段的空间等级、空间序列、视觉条件、交通联系和空间界面、标志物等进行分析；运用类型学方法对城市形态进行分析，如各种城市形态的原型，它们在城市景观、方位感、生活情景、交通组织等方面的物质和精神作用。

库伦的空间序列分析方法和林奇的城市意象分析方法都是实用的城市设计分析方法，已为大多数设计者所熟悉和运用。

——使用活动分析。是指使用频率、使用者成分、吸引点、空间感受等。通过对使用者行为和心理的分析，有助于对空间模式的创造并易于和使用者取得感情上的认同和共识。

——开发与保护分析。通过建筑质量评价确定稳定区和活跃区，计算出保护用地和保护建筑的面积、开发用地面积和在使用性质、城市景观等方面的开发潜力。

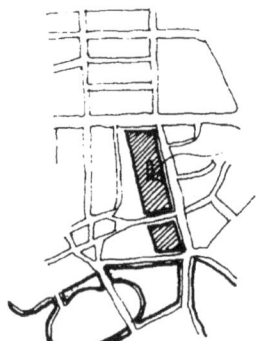

公园位置

总平面图

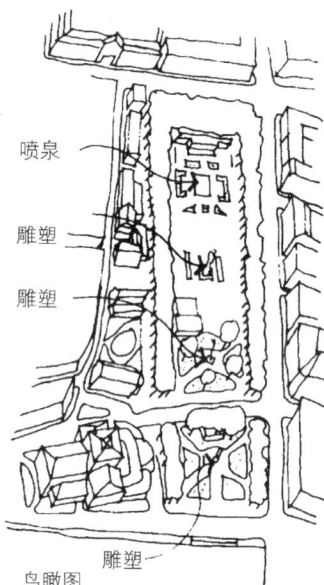

喷泉

雕塑

雕塑

雕塑

鸟瞰图

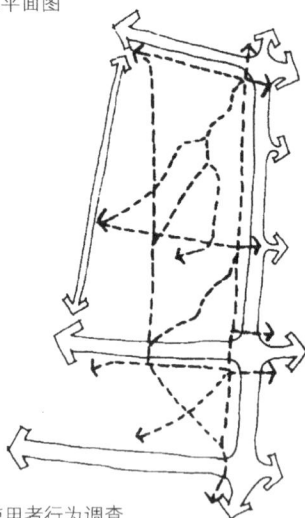

使用者行为调查

透视图

瑞典斯德哥尔摩市小
公园设计

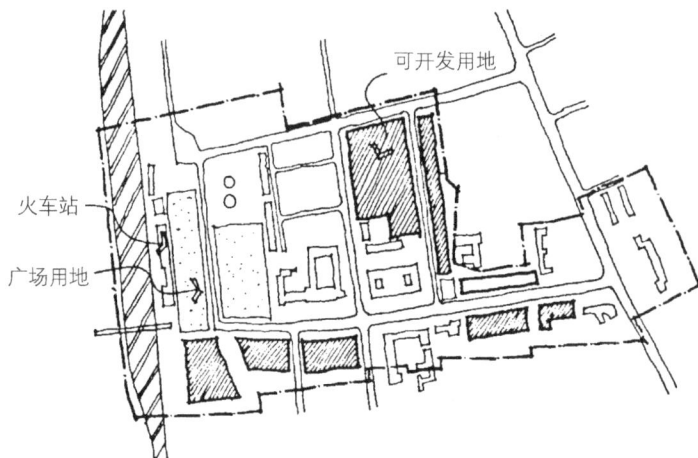

可开发用地

火车站

广场用地

大庆市萨尔图车站广
场及周边地区改造设
计分析图

（3）目标建立

通过对环境现状的分析，使调查阶段的信息、数据得到汇总，可以发现现状存在的问题，同时也掌握了解决问题的办法和机会，结合开发政策，建立设计目标和相应的设计概念，这种设计目标和设计概念反映出设计者对需求和对城市环境的理解。

设计目标应该是经济、物质和艺术价值三方面的综合。根据设计地段、设计规模、设计内容不同，设计目标也表现出鲜明的层次性和独特性。如美国达拉斯市市政厅广场的城市设计目标就包括建筑处理、空间界定、人行交通、景观活动四个方面；而日本札幌市车站广场的城市设计目标则包括了城市特色、服务功能、广场性质、空间活力、整体考虑等几个方面。

就设计工作而言，设计目标和构想的建立是设计创作的重要环节，他为下阶段的设计确定了解决问题的核心轴和最终理想，具有战略意义和方向性。

（4）设计评价

在同样一个设计目标和设计概念下，会有许多不同的设计方案。设计

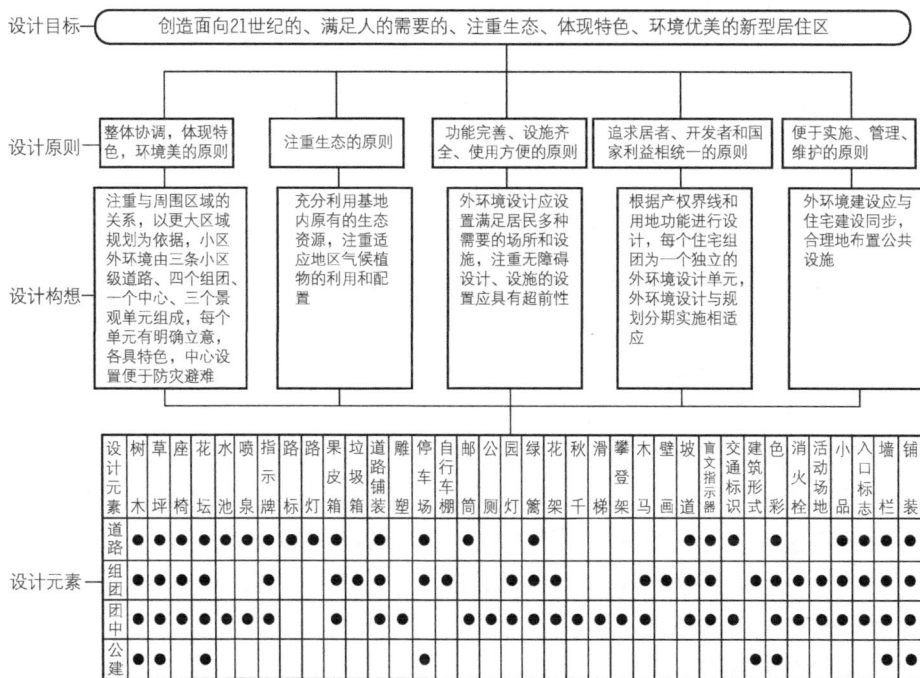

设计目标　创造面向21世纪的、满足人的需要的、注重生态、体现特色、环境优美的新型居住区

设计原则
- 整体协调，体现特色，环境美的原则
- 注重生态的原则
- 功能完善、设施齐全、使用方便的原则
- 追求居者、开发者和国家利益相统一的原则
- 便于实施、管理、维护的原则

设计构想
- 注重与周围区域的关系，以更大区域规划为依据，小区外环境由三条小区级道路、四个组团、一个中心、三个景观单元组成，每个单元有明确立意，各具特色，中心设置便于防灾避难
- 充分利用基地内原有的生态资源，注重适应地区气候植物的利用和配置
- 外环境设计应设置满足居民多种需要的场所和设施，注重无障碍设计、设施设置应具有超前性
- 根据产权线和用地功能进行设计，每个住宅组团为一个独立的外环境设计单元，外环境设计与规划分期实施相适应
- 外环境建设应与住宅建设同步，合理地布置公共设施

设计元素

设计元素	树木	草坪	座椅	花坛	水池	喷泉	指示牌	路标	路灯	果皮箱	垃圾箱	道路铺装	雕塑	停车场	自行车棚	邮筒	公厕	园灯	绿篱	花架	秋千	滑梯	攀登架	木马	壁画	坡道	盲文指示器	交通标识	建筑形式	色彩	消火栓	活动场地	小品	入口标志	墙栏	铺装
道路	●	●	●	●	●	●	●	●	●	●	●	●						●									●	●	●	●	●		●	●	●	●
组团	●	●	●	●	●	●	●		●	●	●	●	●	●	●	●	●	●	●	●	●	●	●	●	●	●	●	●	●	●	●	●	●	●	●	●
团中	●	●	●	●	●	●	●		●	●	●	●	●			●	●	●	●	●	●	●	●	●	●	●	●	●	●	●	●	●	●	●	●	●
公建	●	●		●		●			●			●	●												●		●	●	●	●	●	●	●	●	●	●

唐山市智源里居住小区外环境设计导则

活动的最终目标是要获得一个满足要求的最佳方案，这是通过设计评价来实现的。所以，掌握设计评价的方法尤为重要。

设计评价工作的关键是确定评价体系和内容。一般地说，评价内容分四个层次：设计问题是否准确；设计构想是否合理；各项控制指标是否符合城市规划要求；实施计划是否可行。

评价工作涉及许多人和部门，需要从不同角度、不同方面对方案进行评论。如相关的政府官员、专业技术人员和开发商参加的行政和技术方面的论证会；使用者和公众参与的听证会和公众表决活动等。

设计评价在某种意义上也是在更大范围内的再次分析与论证，其结果是反馈更多的信息和建议。设计者通过设计评价过程能得到更多的和更深层的信息资料，有助于设计的发展。

一般来说，设计评价阶段是多次的和分层次进行的，是从个体到群体，再从群体到个体的循环和渐进的过程。每一个阶段评价的内容和深度不尽相同，通过设计者和参与者之间的讨论和启发，使设计方案更完善，最终得出最佳的设计方案。

（5）实施计划

在一定资金和建设条件下，城市设计的实施战略也是多种多样的。在城市设计方案形成并明确的同时，一系列实施原则和策略如用地管理、资金使用、开发计划等也已经贯穿其中。

在市场经济环境下，制定实施计划主要思考的是"筑巢引鸟"，通过修建城市基础设施，改善开发环境条件来控制土地价格，调控开发的方向与模式。此外，公众参与也是促成和引导开发的有效办法。

在实施计划初期，应该针对城市设计活动较长的跨越性和多变性的特点，在设计概念、设计目标和设计方案基础上，制定一系列设计条例、设计导则和实施策略，并将这些城市设计成果通过行政手段立法，使之成为国家和当地现有城市规划与设计法律条文之下的条例和规则，以法律形式加强城市设计成果的严肃性。

然后落实城市设计的实施步骤，包括起步区的范围、位置，相应的城市配套设施情况和建设资金。通过科学完整的实施计划，才能保证城市设计在城市设计的全过程中发挥其效力，指导城市形体环境元素之间按城市的功能、社会、经济、美学的要求，随时以动态的形式进行优化组合，由此保证城市环境的持续发展。

（6）维护管理

当设计方案实施到一定阶段或全面完成和投入使用以后，环境的管理

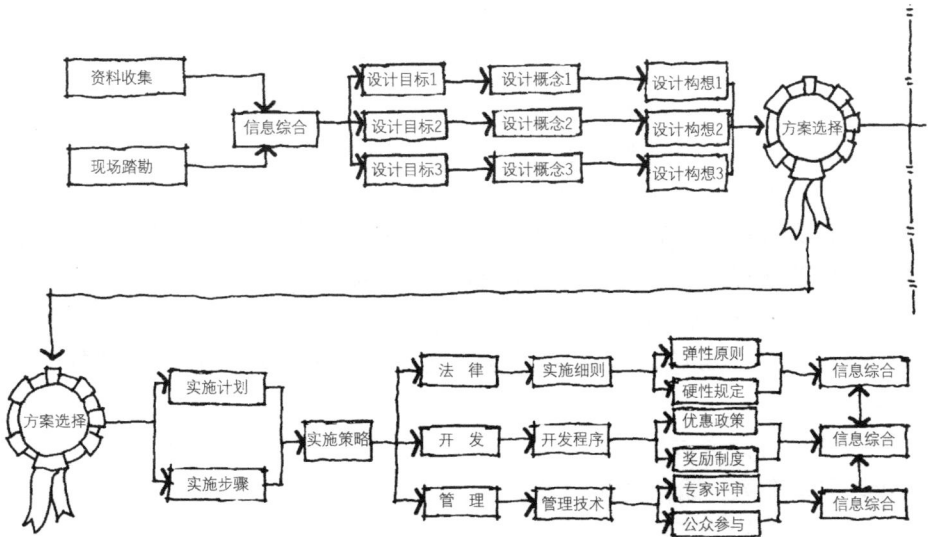

城市设计过程中的步骤和内容

与维护、居民社区意识的形成、环境评价的信息反馈等也是城市设计的重要步骤，被称为城市设计的后续工作。

从城市形体环境建设的全过程上看，城市设计的形体环境设计只是提高城市环境质量的一个手段，通过把设计成果转化为法律规定及行政管理的执行依据来塑造城市环境。城市环境建成以后，对环境的维护管理则是保留城市设计成果的必须手段。而维护管理又必须靠城市居民参与并建立

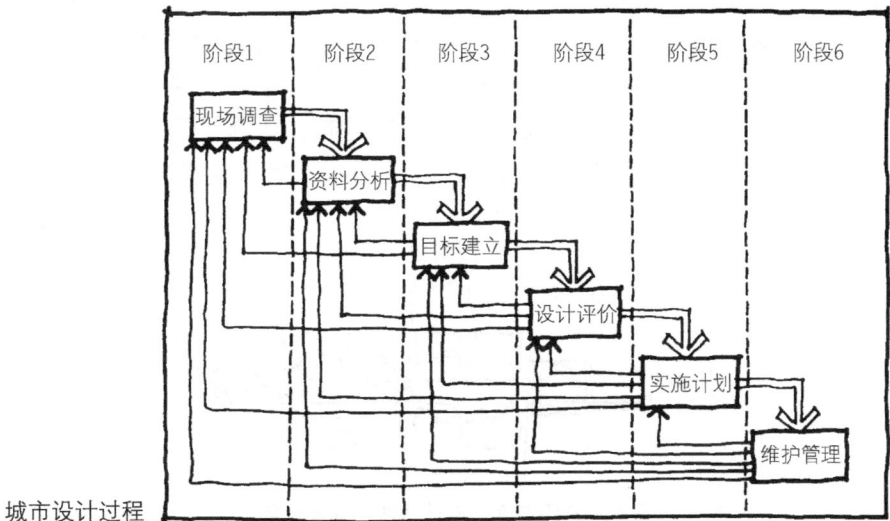

城市设计过程

管理制度，共同完成，即"社区"意识的形成。

科学有序的维护管理不但能升华城市环境的质量，创造出更深层的环境多样性和地区特色，在某种意义上还有利于解决城市的社会问题。

"社区建筑"（Community Architecture）包含了"社区规划"、"社区设计"、"社区发展"以及各种"社区技术协助"，这一概念是20世纪80年代以后在英国兴起并得到广泛承认的一项社会运动，这一运动强调人民在城市环境的建设与管理中的作用，如公众参与、共同管理等观点。相信这一社会趋向将推动城市设计学科的发展。

概括起来，城市设计主要过程的六个部分是循环往复、完整的工作框架。

在城市设计全过程中自始至终贯穿公众参与，而且其六个步骤共同起作用，只是在某一阶段时某一步骤起主导作用。

（7）过程的独特性

在设计过程中，参与城市设计活动的人员有各专业技术人员、政府官员、城市建设管理者、开发公司和使用者，他们对城市设计工作起着不同的作用，共同构成了城市设计集群（Design group）。城市设计师在设计过程中既是设计者也是参与者、协调者、组织者，他的工作不但是对开发建设提出构想、选择设计方案，还应对设计思想进行宣传、交流和贯彻实施。

在城市设计过程的各个阶段中，每一个阶段的工作目标、工作内容和所需的基本技能也不尽相同。在现场调查和资料分析阶段主要是对环境基础信息的收集、交流和整理，发现问题、提出问题；在目标建立和设计评价阶段主要是确定设计目标、提出设计构想、制定解决问题的基本框架、预测未来效益，同时进行方案评价、择优深化，使问题具体化；在实施计划和管理维护阶段是确定方案实施的保障机制和实施策略，制定开发工作程序，以及后续的管理、维护工作，社区组织、提供反馈信息。

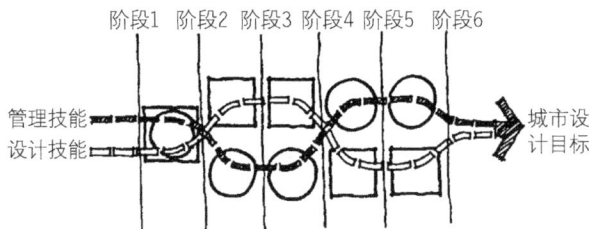

城市设计不同阶段管理与设计技能的交互作用

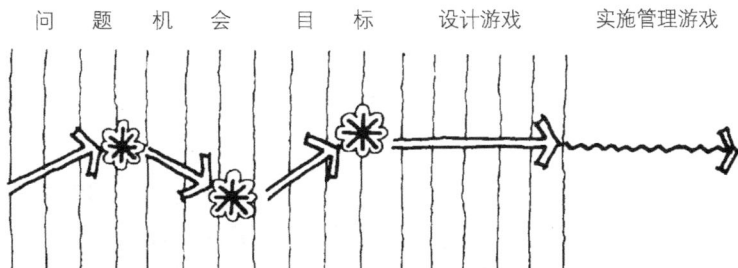

城市设计的基本创作规律

　　在这六个阶段中，设计技术和管理技术交替成为阶段性工作的主要技能，有时设计技术和管理技术并重，以两个不可分的部分形成一体，在城市设计活动中发挥作用。

　　设计技术是从事城市设计工作的基础，是城市设计师应具备的基本素质，它决定了建立城市设计目标、选择城市设计方案的正确性和科学性。管理技术则是为设计目标的实现和设计方案的具体化提供保证。单纯的设计工作是城市设计师对城市环境的审视和把握、各专业技术人员的交流与配合，而实施管理则是城市设计集群的合作。这是较设计工作更复杂、更多元化、更难以驾驭的工作，因此，许多人用"三分设计，七分管理"来描述城市设计中设计与管理的比重，这不无道理。

　　与建筑设计过程相比较起来，城市设计也有其独特的地方。

　　国外一位建筑教育家曾把建筑设计称之为"建筑游戏"，指出设计过程应该是建筑师结合具体条件和要求，提出问题，寻找机会，确定设计目标。在设计目标下的设计原则、设计概念确定之后，便是技术性较强的设计游戏了，认为这是设计学科的一般规律。在一定思想指导下，游戏水平的高低，取决于对技巧的掌握和经验的积累，对于建筑设计来说，取决于建筑师的业务功底和广博的阅历。若把这一概念运用到城市设计中，其"游戏"活动不仅仅是设计游戏，还包括实施管理游戏。城市设计师只有综合运用这两种游戏，才能创造和引导出优秀的设计作品。

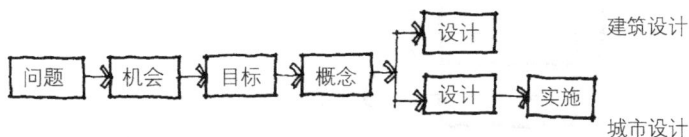

城市设计与建筑设计过程的比较

2. 成果

设计成果与其设计内容有直接关系。

概括地讲，城市设计内容有两个方面：一是不同层次的形体环境设计，包括整体城市设计和局部地段城市设计，都是偏重于形体环境的实体设计；二是偏重于公共政策的制定、建设管理和社会干预。通过城市设计为政策制定、公众参与和城市建设管理提供依据。从这一点来说，城市设计也是一连串的决策过程。

（1）两种成果类型

在城市形体环境设计方面，城市设计成果依其设计层次不同，呈现出两种类型，即政策—过程型和工程—产品型。所谓政策—过程型成果，即城市设计成果是以文字型成果为主，图示成果为辅。一般是整体城市设计中的定性的描述、规定和指标控制。而工程—产品型成果是以图示为主，文字为辅。一般是局部地段城市设计中的较为具体的控制图则、设计导则和能说明设计者意图的意向透视图。城市设计的规模越大，其成果越趋向于前者，反之其成果趋向于后者。但无论哪一种成果都应考虑形体空间环境与社会经济环境的协调，都应作出相应的实施计划和建设步骤。

总之，城市设计成果包括文字成果和图纸成果两个方面，共同成为指导城市设计实施的依据。

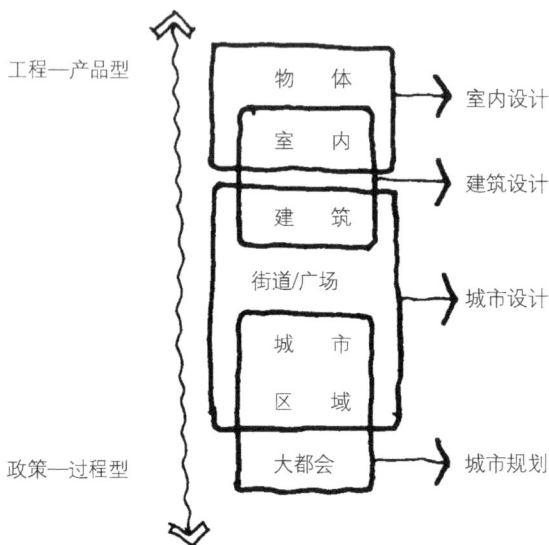

两类设计成果示意

（2）文字成果

——设计政策。是对整个开发过程进行管理的战略性框架，包括发展战略、投资和建设的奖励办法、法规条例等，是政策性很强的成果。

深圳市的城市设计政策包括了城市结构与城市体形、道路与交通、人口与人口密度、高层建筑、工业开发、绿化与环境和旅游开发等七个方面，从宏观上综合控制着城市的总体形象。

——设计导则。主要是对城市设计整体理念和对城市形体环境构成元素的具体构想的描述，是一种技术性控制框架和模式。

设计导则也是一个设计方案，只是比较抽象而已。有人认为设计导则"是设计方案的抽象形式"。它由图示的设计方案抽象得来，成为指导下一层次设计工作的依据。

在美国，城市设计导则有规定性和说明性两种。规定性导则规定了环境元素的基本特点，应体现的模式，因此容易掌握和评价；说明性导则是对环境元素的描述，说明设计要求和建议，它鼓励进一步的创造，有时还附以一些实际的例证或建议性设计方案。这两类导则经常是同时存在，共同起作用的。

设计导则的编制内容一般有设计分析与设计目标，具体措施和图则，意向透视和导则说明等几个部分。

——设计计划。是对建设步骤、管理过程与技术、建设项目确定的详尽安排、土地出让的条件、资金投入、效益分析和对实施过程关键问题的说明。

（3）图示成果

是对以上涉及形体环境建设的文字成果在三个向度上的具体描绘，包括平面尺寸、体量大小、空间控制范围等等的图则。此外，图示成果还包括一系列意向性的设计和透视图。

对于较为具体的城市设计项目，图示成果与建筑设计、景观建筑设计的成果在内容上比较一致，在此不作赘述。

这两部分内容是城市设计成果的有机组成部分，它们之间相互联系和影响，对城市设计实施能形成可持续的指导。这些成果的核心思想是强调成果的控制性和引导性，以达到控制城市建设的方向、操纵城市形式的变化、实现城市设计目标的目的。

城市设计成果的可持续性是在满足城市设计实施过程的指导性作用的前提下，体现成果的权威性和可读性。

为了体现成果的权威性，城市设计的成果必须以严谨的、规范的法律文件形式，并在实施过程中严格执行。若有某些变更则应通过规定的工作程序，通过科学的评审和论证后才能执行。这样，既可以保持成果持续性地贯彻，又能提高管理工作的效率。

可读性的体现则是充分利用各种表达与交流的媒介，提高成果的说服力和形象性，使设计意图更容易理解，达成共识。

以上的设计成果只是城市建设的第一步，重要的是模拟揣测开发商的可能行为，在管制与奖励的准则和法令上引导和鼓励；更重要的是通过公众参与和专家评审的形式把握住城市建设中的公私利益平衡，求取最大的共同利益。

（4）编制原则

根据城市设计内容的不同，其成果中文字和图示成果的比重和内容也不尽相同，具体成果要求可视城市的具体情况和设计地段的特点而定，但

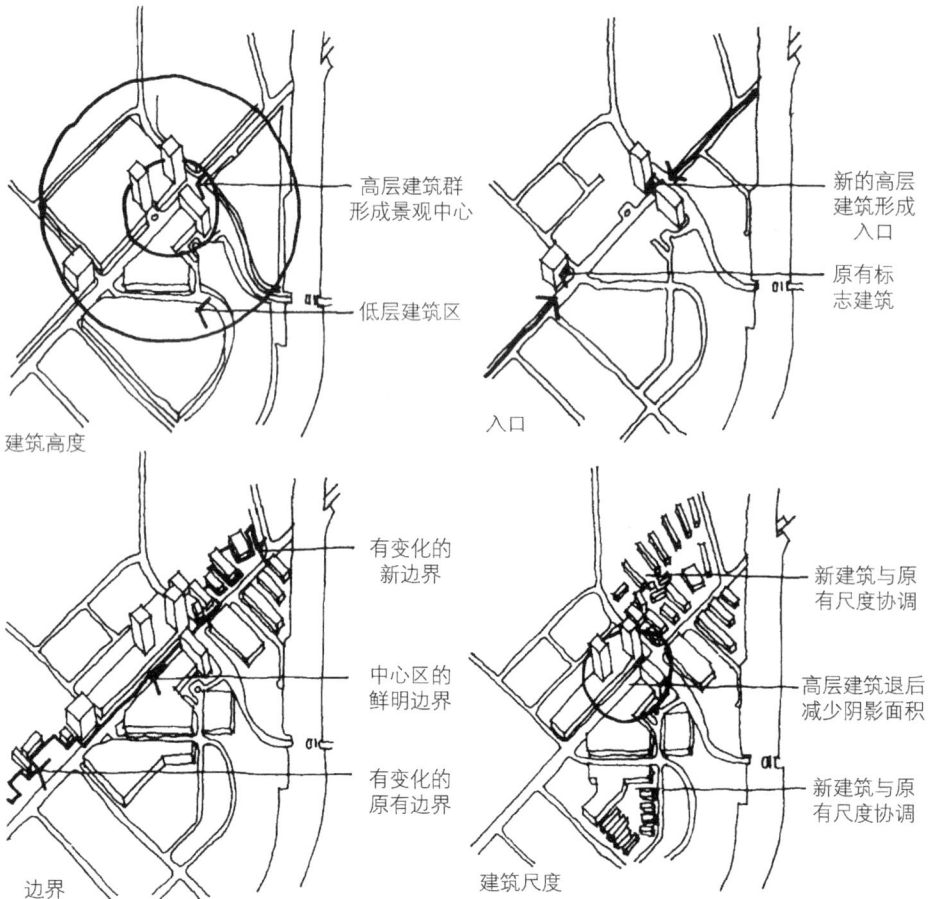

美国俄亥俄州克莱沃兰市中心区城市设计导则

必须遵循以下原则：

——严肃性原则。由于城市设计实施的时间较长，一项城市设计成果在进入实施计划之前，应通过行政管理手段立法，使之具有法律效力。因此，城市设计成果的编制应具有严肃性，文字表述严谨、明确，条例规定清晰、易懂，图则表示规范。

——弹性原则。城市是在广袤的空间和漫长的时间中进行其建设和发展的，它受自然、社会经济、政策、科学技术、文化等各种因素的影响、制约，城市设计师也不能代替建筑师、景观建筑师去绘制心目中的蓝图。因此，城市设计的内容和成果必须有较大的弹性，相关性质的替换给城市的未来、给他人的创作留有充分的余地。

——阶段性原则。城市设计的成果应根据不同设计阶段的任务而定。整体城市设计阶段着重整个城市景观体系的建构、空间形态、空间秩序的塑造，为下一阶段的城市设计提供依据。而局部城市设计阶段则注重空间环境的优化、协调设计，为个体元素的设计提出控制要求。

（5）成果的评价

对一项城市设计成果的评价是十分复杂的工作，评价内容和标准的确定一直是争论的话题。雪瓦尼把城市设计标准分为两类：可度量标准和不可度量标准。

可度量标准是可以量化的标准，有自然环境标准，如气候、阳光、地

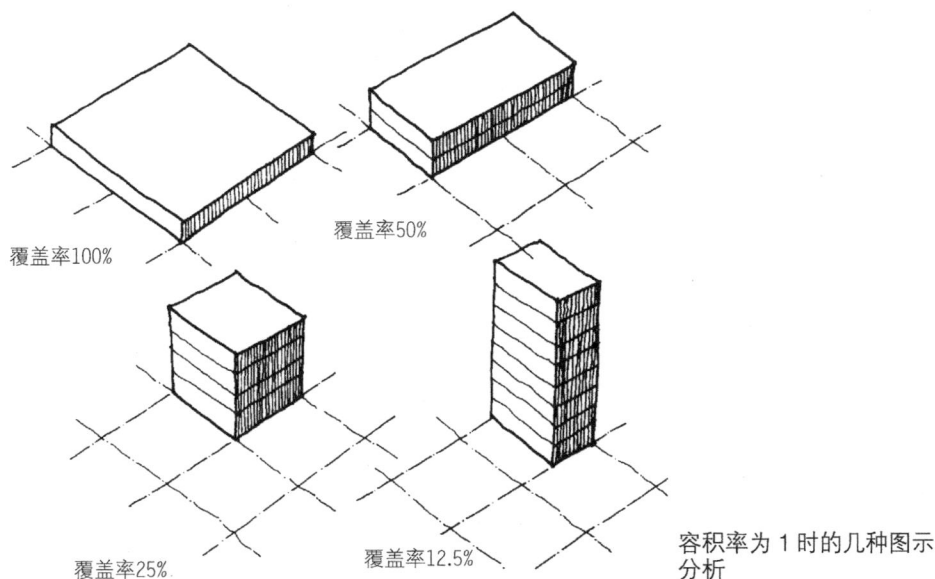

覆盖率100%

覆盖率50%

覆盖率25%

覆盖率12.5%

容积率为 1 时的几种图示分析

理和水；建筑形态标准，如高度、体块、退后容积率、空地率。其中，前者是自然规律作用下的、不能改变的标准，后者是城市规划和城市设计所规定、人为制定和影响的标准。

不可度量标准是评价形体环境对人的美学、心理和行为等方面的影响，是只能作出定性结论的标准。

以下仅从形体环境设计角度讨论不可度量标准。它们是：

——便利性。主要指交通及视线的可达程度，如地段在城市中的位置、标志性；道路的走向、形式；机动车道的距离、停车场；安全及视觉条件等。

——多样性。指使用性质和活动内容的种类、持续时间、活动支持等。

——可读性。指空间界面对空间的界定程度、积极空间的创造；环境格局的可读性、形象性，易于阅读和理解。

——灵活性。指城市环境为使用者提供的使用机会和潜力、空间组合及建筑形式多样性，进一步发展的可持续性。

——愉悦性。是从美学角度对环境的评价，如空间舒适性、视觉趣味和人情味；环境优美、尊重自然。

——个性。指空间环境、建筑形式的特征，环境的历史性和地方性。

第六章　开发与管理

1. 开发

　　城市开发是与城市土地密切相关的经济活动。在开发活动中，土地既是资源的本体，又是资源的载体。城市开发是利用土地作为人类活动空间的载体开发利用空间的经济活动。它以城市的经济和社会发展为背景，目的是为了满足各种城市活动对空间的要求，如居住、商业、工业和娱乐等。

　　由于城市具有聚集经济的功能，从而吸引人口和各种产业，因此，给城市用地造成很大压力。如何在城市有限的用地范围内合理地、有机地安排复杂多样的城市活动，满足现代城市建设，是城市土地使用的最大问题。城市规划与城市设计责无旁贷地担负着这一重任。为了设计好和管理好城市，城市设计师对城市开发活动的了解和掌握也是必要的。

　　（1）开发类型

　　概括地讲，城市开发分以下三种类型：

　　——新开发和再开发。新开发是将土地从其他用途转化为城市用途的开发过程，一般在新开发的土地上没有或很少有拆迁问题。再开发是城市空间的物质替代过程，往往伴随着使用功能的变更。如在单一功能变为综

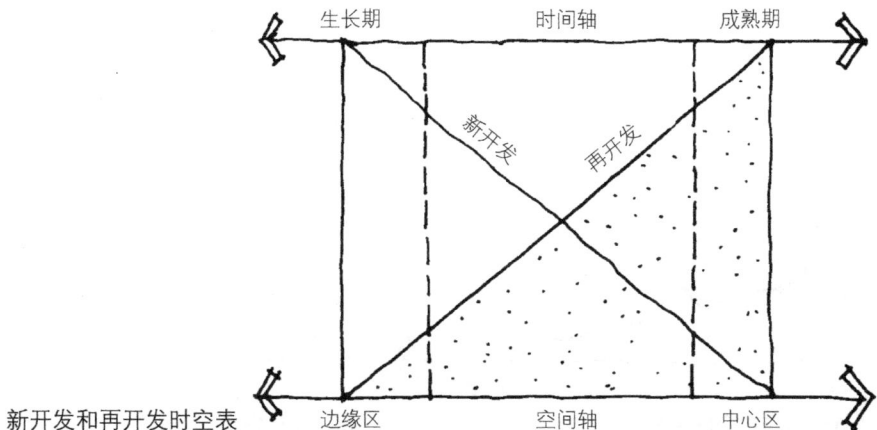

新开发和再开发时空表

113

合功能，或者居住功能变为商业功能的同时，土地使用密度也发生变化。再开发所带来的是对旧建筑的拆迁、人口的安排、容量平衡和新旧建筑协调等许多复杂的问题。

新开发和再开发的时空分布规律是：从城市的生长期到成熟期，新开发活动递减，而再开发活动递增；从城市中心区到边缘区，新开发活动递增，而再开发活动递减。

——公共开发和非公共开发。公共开发一般是对公共空间如绿地、道路、广场、公共设施等的开发，以公共利益作为决策的依据。非公共开发是对各类产业活动和居住活动用地的开发，以受益的高低和风险大小作为决策的依据。

公共开发在城市开发中起着主导城市建设的作用，公共空间构成了城市空间的发展框架，为各种非公共开发活动提供了可能性，也规定了约束性。据统计，英国在 20 世纪 70 年代的城市开发建设中，公共开发占开发总投资的 50％。在我国城市开发中，公共开发所占的比重更大。

——商业性开发和非商业性开发。这两类开发活动的划分依据其开发的目的，公共开发是以为公共提供福利为目的，一般是非商业性开发，而大多非公共开发的目的则是为了出让不动产，从而直接获得利润，属商业性开发。

（2）开发的基本概念

对于城市设计师来说应该至少掌握以下几个有关开发的概念：

——城市区位与地价。开发活动与地价成正比。所谓地价是指用货币形式表示的土地价值。地价与土地在城市中的位置、交通条件、地质情况和环境条件等都有关系。

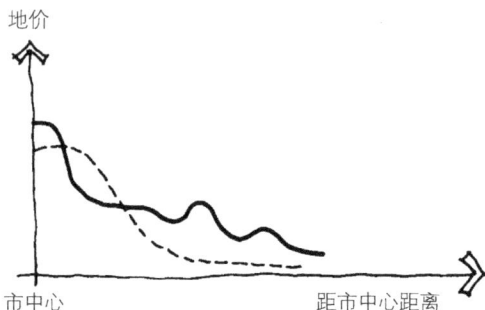

土地价与市中心的关系

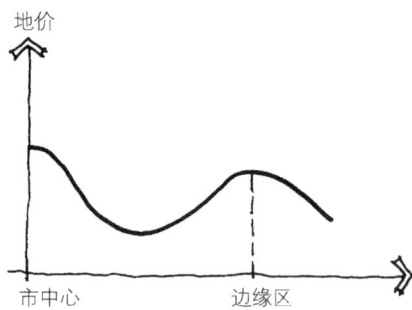

现代城市地价分布曲线

　　城市地价分布的一般规律是：区位条件较好，可达性较高，开发活动收益也较高，因而能够支持较高的地价，反则反之。从城市整体上讲，在通常情况下，市中心的可达性较高，因而地价也较高，随着与市中心距离的加大，地价也开始下降。

　　在西方国家的一些城市中，高速公路的发展促进了城市向郊区化发展，地价模式发生了较大的变化，边缘区的地价有了明显的上升，但中心商务区（CBD）仍维持最高地价。

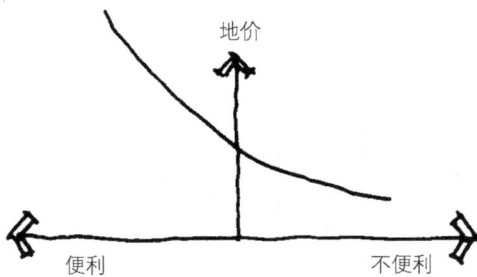

城市地价与交通的关系　　　　　　　　城市地价与铁（公）路的关系

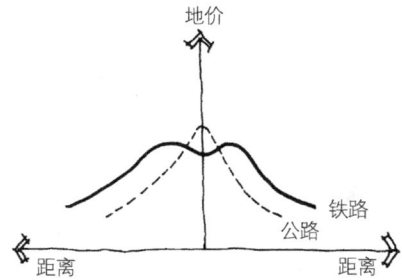

　　就城市局部地段来说，交通安全便利的区位地价较高，具有互补性的使用功能聚集在一起，如车站与商业，公园与居住等，也使地价增高。而功能上具有排斥性的使用活动，如工厂噪声与居住区、铁路与居住区等，会使土地价格下降。而道路和绿化却能够给土地升值。

　　——开发强度与收益。从经济学角度上讲，开发强度就是对土地投入多少资金。直观地说，就是在单位基地上建造多少面积的建筑，即容积率。当开发活动落实到特定地段以后，土地是一个固定因素，而资金投入则是一个可变因素。

　　根据微观经济学原理，随着总收益的递增，边际收益递减。当边际投入量等于边际产出量时，边际收益为零，总收益达到最大。在开发活动中，随着建筑面积的增加，工程造价（边际投入量）从减到增，而单位面积的收入（边际产出量）反而递减。

　　——使用功能与层数。从建筑的层数来说，地面层的可达性最高，向上逐渐下降。一般来说，接近地面的几层可达性高，适合于零售活动，能获得较高收益，因而能支付较高租金。但零售活动的收益对楼层变化的反应是相当敏感的，所以，零售活动在四层以上很少见。在零售活动之上往

115

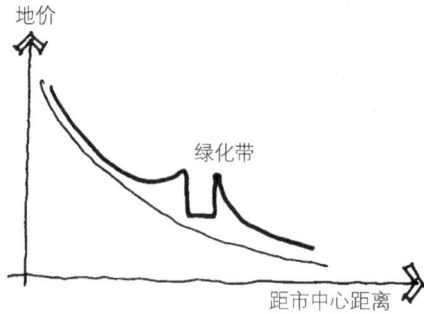

城市地价与绿化的关系

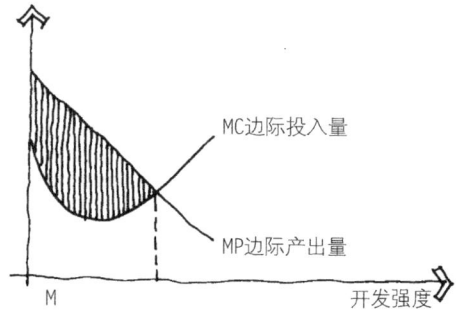

开发经济效益分析

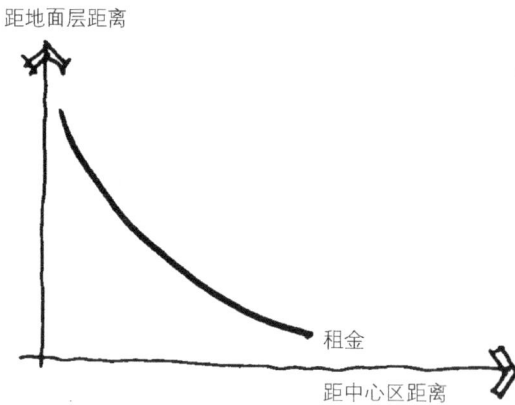

楼层与租金关系

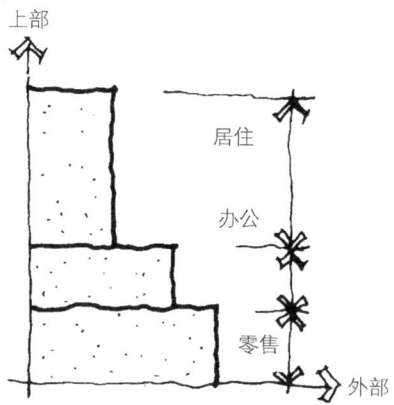

城市建筑综合体构成模式

往是办公，然后可能是居住，这就是常称的综合楼模式。

然而电梯和自动扶梯在公共和居住建筑中的广泛应用，在某种程度上缓解了使用功能与建筑层数的矛盾，使建筑向地下和空中发展成为可能。

（3）城市设计与开发

城市开发活动受各种各样因素的影响和制约，其中人为的影响也很大。对开发活动的控制和引导除了通过城市建设管理的行政和技术手段外，城市设计对开发活动也有很大影响。主要有：

——环境品质。对于使用者来说，选择居住、购物和工作地点时，环境品质越来越成为首先考虑的条件之一，因为，良好的环境品质在满足使用者物质需求的同时还能满足其心理需求。具体地讲，环境品质是指城市环境中公共空间和公共绿地的大小、设施，空间的使用和艺术质量。目前，许多开发商已经认识到了环境品质所蕴藏的经济价值，在开发特别是居住区开发中

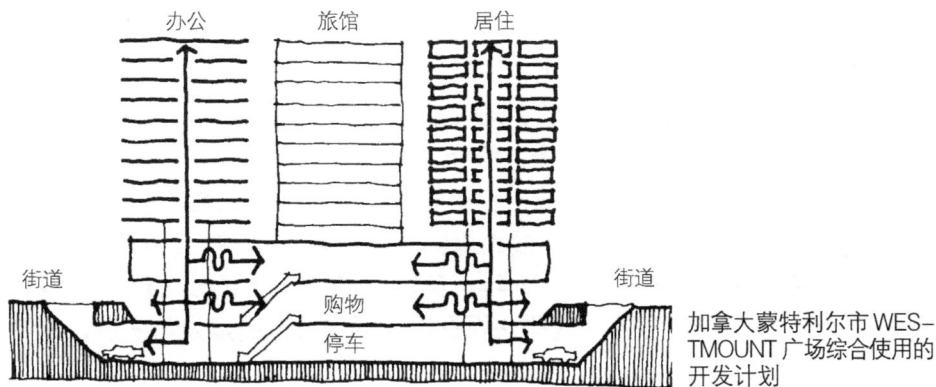

加拿大蒙特利尔市WES-TMOUNT广场综合使用的开发计划

注重环境质量,不惜投入大量资金建设居住区中心花园和绿地。这一现象应引起城市管理部门和城市设计师的注意,应对此进行正确引导,避免走向反面。

　　——空间形态。影响空间形态的首先是密度。有关密度问题,奥兰·雅各布在《城市设计探新》一文中认为,适宜的人口净密度应为每公顷 75~150 人,每公顷 225~300 人时仍能保证舒适的城市生活,而当每英亩为 12~24 人时则不能形成城市生活。如果每公顷人口多于 500 人时则城市环境的适居性就会大大降低。

　　此外空间的功能、界定、尺度、领域的划分和环境特色对空间形态也有很大影响。

2. 管理

　　美国城市设计理论家凯文·林奇曾讲过,城市中的许多问题并非城市本身的错,主要是因为人类还不善于规划、经营和管理。

　　就我国的情况看,许多城市建设中出现的问题多是人为干预过多、短期行为过多、缺乏对城市建设的科学管理而造成的。

　　城市设计是强调动态的、协调合作的学科。一个好的城市设计绝非是设计者在图板上的工作和会议室的讨论,而是一连串的城市设计与实施管理的决策过程。

　　从西方近现代城市发展历史上看,城市的理论、建设和管理是一起发展、相辅相成的,可见管理是城市设计不可分割的有机部分。

　　城市设计的实施管理就是以各种渠道组织各方有关人员参与,保证城市设计方案合理可行,将城市设计的成果转化为具有法律效力的规则和条理，在实施过程中运用管理技术科学管理和实施；有稳定的资金来源，有良性循环的开发时序，有科学化、法制化的运行机制。

法制化是城市设计实施管理的根本保证。制定城市建设法的最终目的是维护公众利益、保护居民健康、维持整洁和安全的城市环境。从这一目的出发，人们逐步拟定了有关城市和建筑的各种法律和标准。1848年，英国制定了《公共卫生法》，其中很大篇幅规定了居住标准。1905年，又颁布了《住宅与城市规划法》。1916年，美国纽约市出现了分区确定土地利用和建筑高度的"区划法"。这些法规影响着城市形态的建设与发展，其中以区划法影响最大。

我国1979年和1986年先后颁布了《中华人民共和国环境保护法》和《中华人民共和国土地管理法》，接着又颁布了《城市规划条例》等一批国家级的城市规划和与规划相关的法律法规。1989年，又颁布了《中华人民共和国城市规划法》，这部法律为城市规划和管理工作，为以后的各项城市规划、法规、规章的建立提供了较为完整的政策和规范依据，为城市设计法规和条例的建立及城市设计实施技术的法制化打下了良好的基础。

城市设计成果是通过一系列开发过程实现的，因此，以下将以城市开发活动为时间顺序展开对城市设计实施管理技术的讨论。

（1）开发前

就整个城市而言，城市设计管理方面的许多工作是经常性的和长期的，诸如城市调查、市民教育等。城市调查是城市档案工作的一部分，它从对城市的建筑、景观和空间、环境设施等的调查入手，对城市形体环境的历史、现状情况进行全面收集和掌握，建立城市建设档案。目前，这项工作一般和建立城市地理信息系统结合。通过这一工作，使城市建设的参与者假设

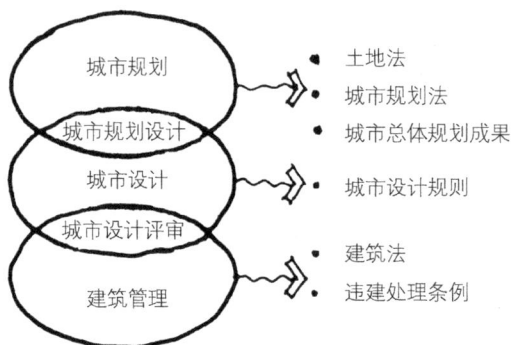

城市规划、城市设计、建筑管理三者结合的法规体制概念

对城市的理解，也作为管理决策的依据之一。

市民教育是通过编制各种各样的指导手册、工具书、设计导则手册和各种宣传材料，让市民了解城市、理解城市建设的各项法规条例，增强对城市建设的参与意识。如日本"我的东京城"和美国的"城市自身意象"的宣传活动，唤起了市民对城市的关心和热爱，为城市建设的实施创造了良好的环境条件。

与城市开发活动密切相关的管理工作是开发前的预先设计，这是政府部门利用经济手段操纵城市建设开发活动的措施之一。它由 Predesign 翻译而来，这一词汇最早出现在美国的城市区划法中。作为城市设计的起步阶段，预先设计的主要任务是通过确定开发目标和设计方针，为整个城市设计活动确定基本的"核心轴"，并为下一阶段的设计工作界定出解决问题的研究范围。

预先设计是城市规划向城市设计的过渡，是两个学科交叉的"重叠区"，通过积极的预先设计，可以启动、促成并影响城市设计的发生与发展，对城市形体环境的形成及其提高有着决定性的影响。

在政府对城市建设的管理方面，预先设计也是一种调节开发市场的手段。通过"筑巢引鸟"，帮助人们认识特定城市地段的开发潜力和设计概念，让有开发潜力的土地体现出其应有的价值，从而吸引投资、促成开发，有计划地改造城市，发展城市经济。

美国巴尔的摩市的内港改建是成功的例证之一。通过积极的预先设计和行政手段，将设计和管理密切结合，利用公共资金改善投资环境，并在此基础上扩大影响，争取更广泛的投资渠道，仅用 10 年时间就使内港面貌一新。

（2）开发中

在开发过程中，城市设计管理工作最为复杂，需要用法律手段推动城市设计的实施。目前普遍采用的是区划法 (Zoning)。

区划法是将城市划分为数个不同的地区，通过对每一个地区的预先设计，以法的形式提出不同的规定，其中包括土地使用的适用性范围、兼容性和排斥性范围、开发强度、建筑定位、室外环境以及基础设施等各种约束条件。

区划法的目的在于促进土地使用的和谐；增进社区的景观美化；发挥土地的经济效益；保持适宜的服务水平和公共设施。区划法是城市设计的基本法，考虑的仅是单纯的基本控制事项，很容易造成单调的城市景观。因此，在区划法的基础上，城市设计的实施管理还有许多弹性手段。

①特殊区划　自 20 世纪 60 年代以来，特殊区划越来越多地被引入城

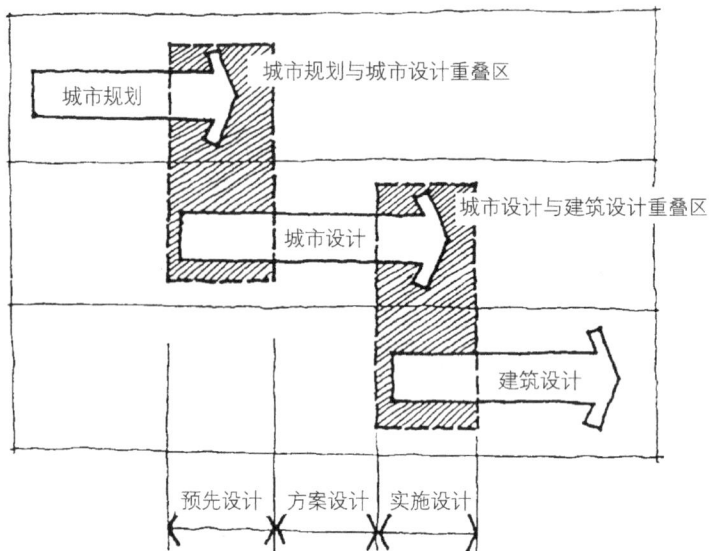

城市规划与城市设计重叠区

城市规划

城市设计与建筑设计重叠区

城市设计

建筑设计

预先设计 | 方案设计 | 实施设计

城市规划、城市设计
和建筑设计三个学科
的关系

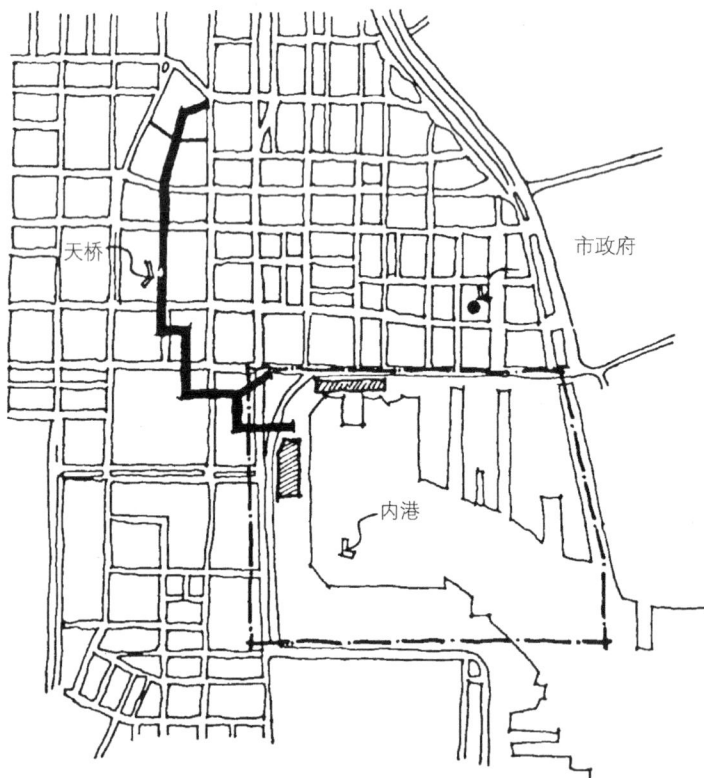

天桥

市政府

内港

美国巴尔的摩市内
港改建平面图

120

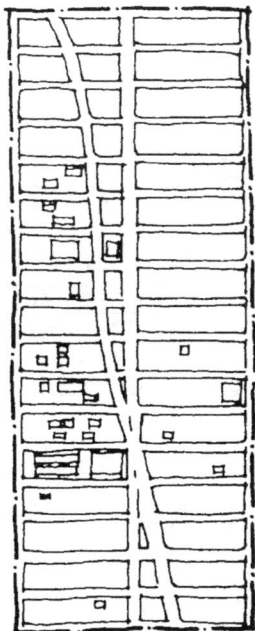

美国纽约市剧院区平面图　　加拿大多伦多市政厅

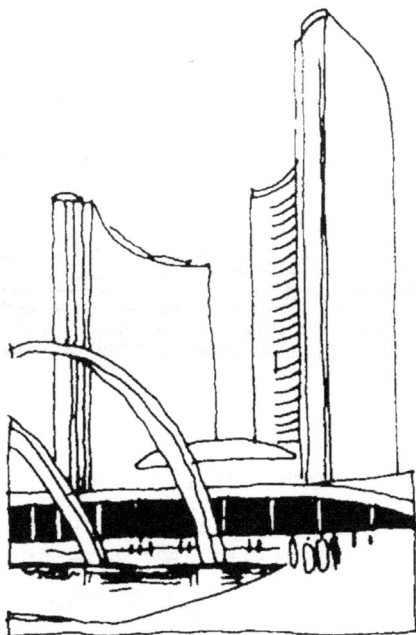

市设计的实施管理中。所谓特殊区划就是把城市中有价值、有特色的区域独立划分出来制定特别的管理条例，以保护这些地区的特殊性或鼓励在这一地区的开发建设。特殊区划把实施管理同城市的社会、经济、文化和特色联系起来，变消极的控制为积极的引导，增加了管理上的灵活性。

——历史区。把城市中具有历史意义和历史价值的地区独立出来，以便对这一地区进行整体保护，如美国波士顿市的培根山区、弗吉尼亚州亚历山大市的历史区等。

——混合使用区。这是一个立体发展的混合使用概念，鼓励性质相融的使用功能的互补，以保持这一地区24小时的活力，如加拿大多伦多市政厅。

——特殊使用区。如纽约市的剧院区，把这一地区列为特殊区，是为了保护城市中的标志性区域和文化特点，来吸引各地游客。再如少数民族居住区，纽约的小意大利区、中国城等。

②弹性原则　对于城市中各个零散的、特殊的形体环境元素，区划法中还有多种多样的弹性原则，主要有：

——奖励区划（Incentive zoning）。根据开发商对公共环境贡献的大小，给予一定奖励的管理办法，即在区划法所允许的容积率之外，增加一定的

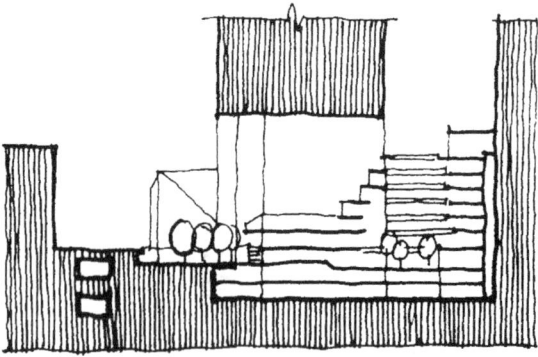

美国花旗银行底部断面

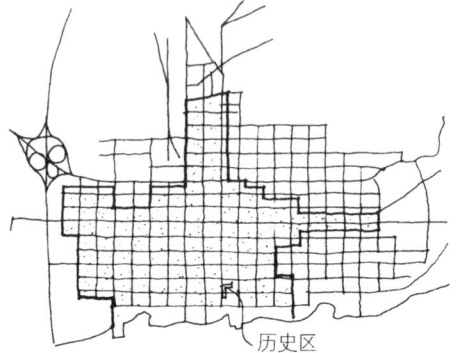

美国弗吉尼亚州亚历山德里亚市历史保护区

建筑面积。如在城市的 CBD 内，若开发商按城市设计的要求提供公共广场、拱廊、人行天桥、屋顶观光设施和与公共交通系统联合进行综合开发，或在居住区提供具有良好日照、尺度的中心绿地等，都可以作为区划法的奖励条件。以上各项内容都有一定的积分，根据积分可以算出增加建筑面积

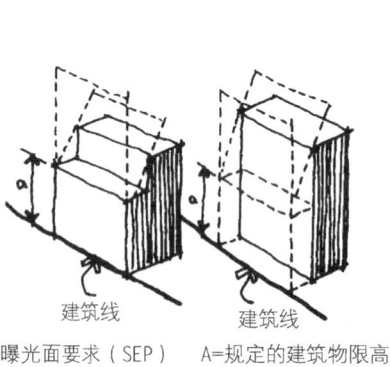

建筑线　　　建筑线

曝光面要求（SEP）　A=规定的建筑物限高

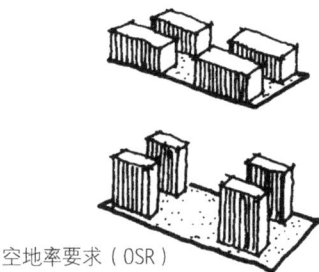

空地率要求（OSR）

1960 年美国纽约市的分区条例

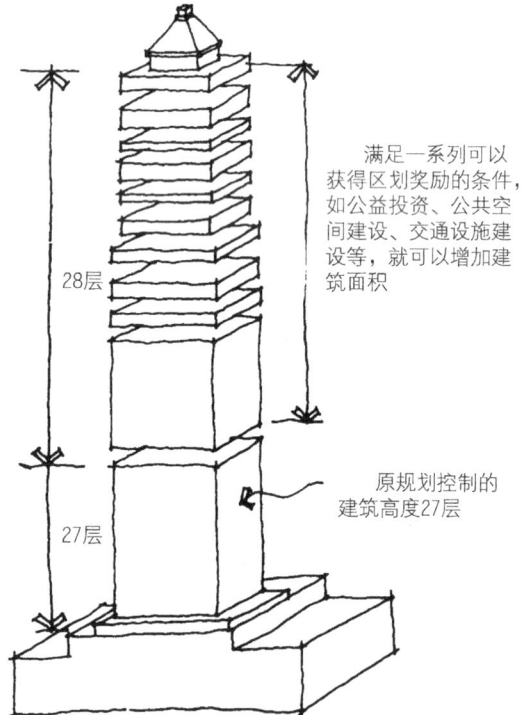

满足一系列可以获得区划奖励的条件，如公益投资、公共空间建设、交通设施建设等，就可以增加建筑面积

28层

27层

原规划控制的建筑高度27层

美国西雅图市城市设计奖励制度

美国区划中的奖励制度示意图

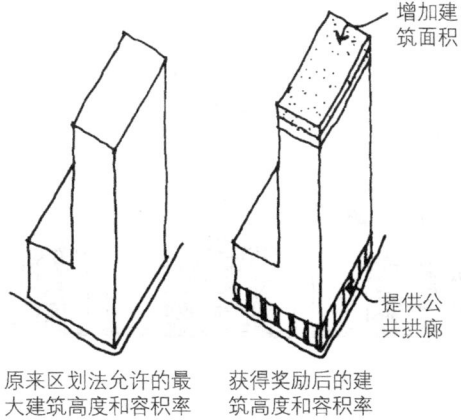

原来区划法允许的最
大建筑高度和容积率

获得奖励后的建
筑高度和容积率

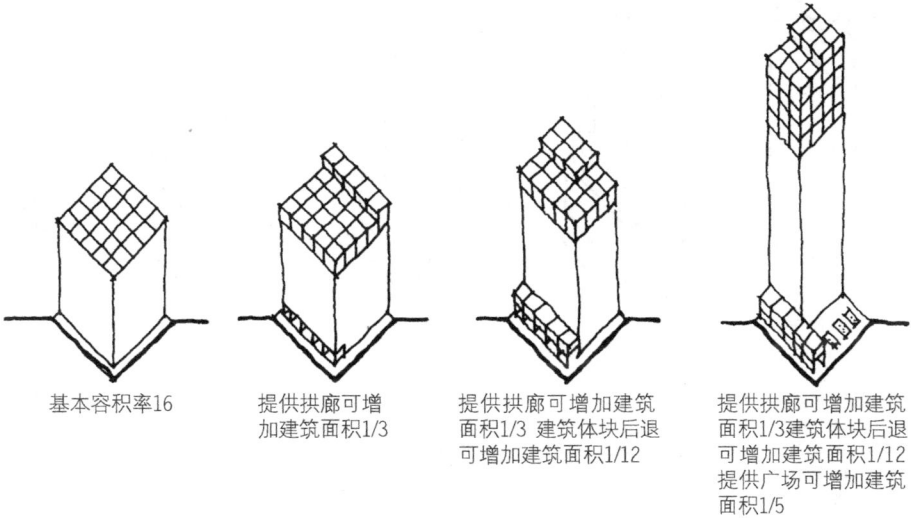

增加建
筑面积

提供公
共拱廊

基本容积率16

提供拱廊可增
加建筑面积1/3

提供拱廊可增加建筑
面积1/3 建筑体块后退
可增加建筑面积1/12

提供拱廊可增加建筑
面积1/3建筑体块后退
可增加建筑面积1/12
提供广场可增加建筑
面积1/5

美国芝加哥市 1957 年分区奖励条例图示

的多少。

　　——空中开发权转让（Development right transfer）。这一技术主要
用于城市建设中需要保护的重要资源，如标志性建筑、历史建筑、独特的
自然条件等，使之不受新的开发活动的威胁，即把这些资源上空没有被开
发的空间权转让到其他基地中，得到开发权的开发商将被允许在容积率控
制之外增加一定的建筑面积。通过这样的转让和补偿，不但保护了城市资
源特色，也从经济上解决了保护这些资源的困境。

123

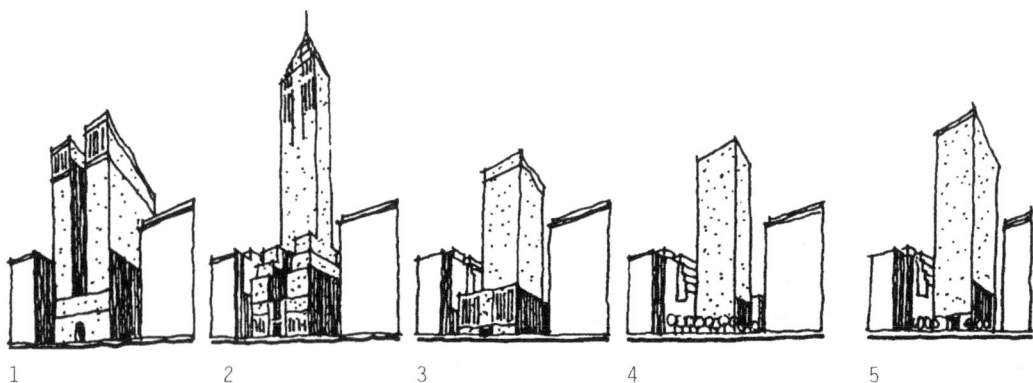

1   2   3   4   5

1916年以前，纽约市曼哈顿的一般建筑是沿建筑红线直接向上兴建，结果整个街道空间幽暗，空气污染严重

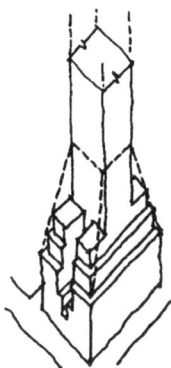

1961年，纽约市通过了第一个全美区划法，提出建筑退后的要求，每退后一段即可增加建筑高度，建筑高度无限制，结果出现了一些"结婚蛋糕式的建筑"

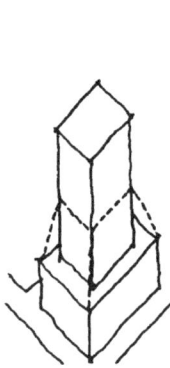

1961年修改的区划法，以"天空曝光面(SEP)"代替高度限制地区的退后规定。为配合办公大楼所需的大面积空间，高塔部分不受曝光面限制

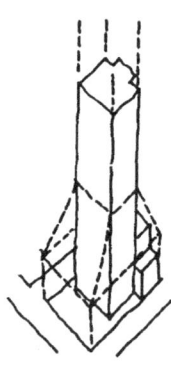

1961年修改的区划法另一目的是增加建筑物的开放空间，提出了"广场中的高层建筑"

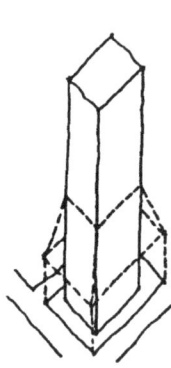

按1961年区划法规定，若设置广场可另增加建筑面积20％，容积率可达到18，开创了奖励区划的先河

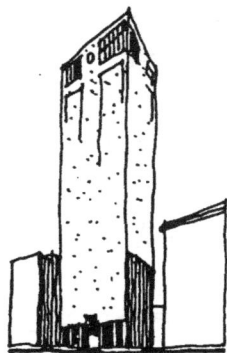

6

7

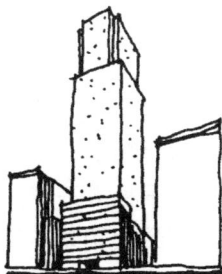

8

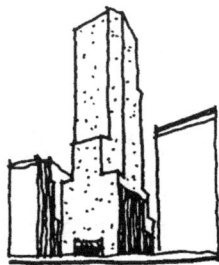

9

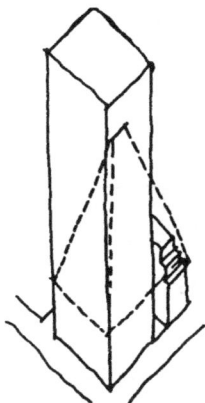

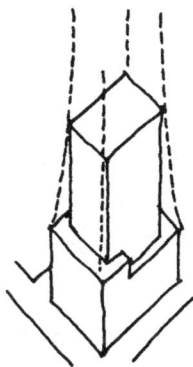

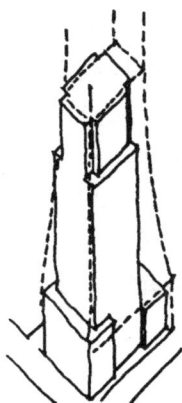

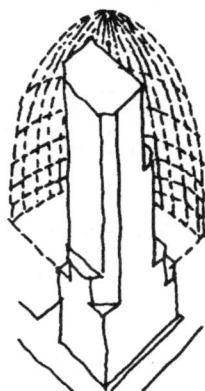

　　为了不破坏街道的连续性，奖励法扩大到室内公共空间。若提供室内公共广场，可将容积率由15提高到21.6，但室内公共空间对街道的采光无任何好处，因此实施起来困难重重

　　为了使街道获得良好的日照，依照日照曲线或是否遮挡日照来决定区划奖励条例。建筑设计若能符合采光标准，便获得非常多的弹性。
　　按日照曲线要求，容积率为15的高层建筑

　　按日照曲线要求，容积率为18的高层建筑

　　按新的"日照评估表"，采用采光方格确定出容积率为18的高层建筑体块

美国纽约市区划法对曼哈顿高层建筑的影响

——计划单元联合开发（Planned Unit development）。在严格的分区控制下，基地的建筑布局和设计常常显得单调，户外空间不足且零散而无法整体利用，所以计划单元联合开发应运而生。其基本概念是：在居住区开发中，开发计划不受现行区划的限制，而允许最大的弹性设计。这一技术易于形成完整的建筑群和土地的整体利用，有利于以最少的基础设施投资带来最大的设计上的灵活性，又可以保护一定的自然风貌、维护生态平衡，既得益于公众又有利于私人开发。

此外，弹性原则还有超大街坊（Super block）、建筑立面拥有权转让、减免税收、免征城市配套设施建设费、公共投资改善投资环境等。

③运作模式　城市设计实施管理中的特殊区划和弹性原则促进了城市环境的多样化和城市特色，但也给实施管理带来了实际运作上的难度。因此，现代城市设计的实施管理越来越趋向于开放式，在管理上除了城市建设行政管理人员、专业设计人员和开发商等直接参与外，还增加了设计评审和公众参与的环节。

——设计评审（Design review）。是对弹性原则审查把关的重要环节。成立以专家为主体由行政管理人员、设计人员、开发商参加的设计评审委员会，对照弹性原则和设计方案逐一评审。经过评审后的设计才可以得到相应的奖励或允许实施。

——公众参与（Public participation）。是环境的使用者和城市居民参与对城市环境的调查、构想、评议和决策等城市建设的过程。马丘比丘宪章曾明确提出了公众参与城市建设管理的问题，此后这一方法被广泛应用，给许多城市设计项目带来了成功，被认为"和设计的最后成果

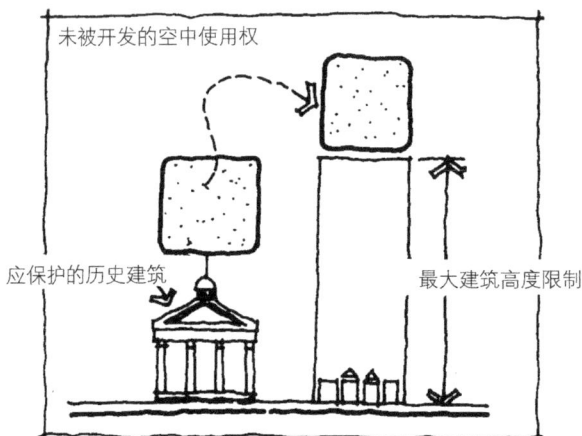

空中开发权转让示意

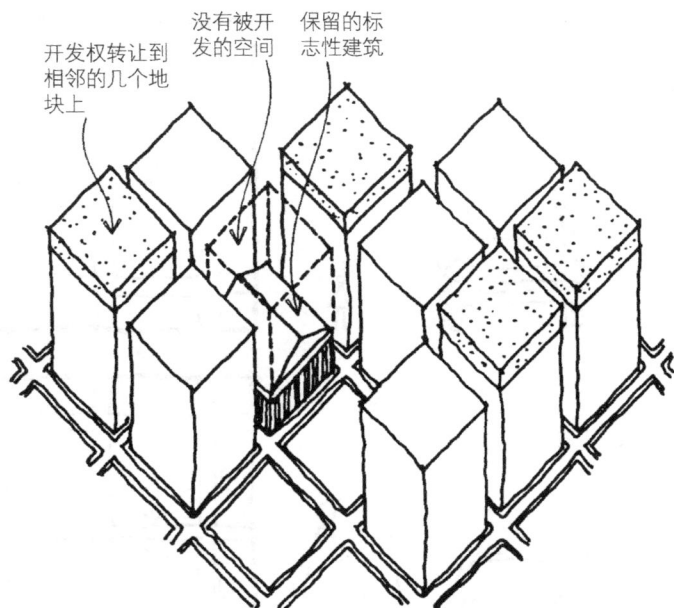

美国区划法中的空中开
发权转让

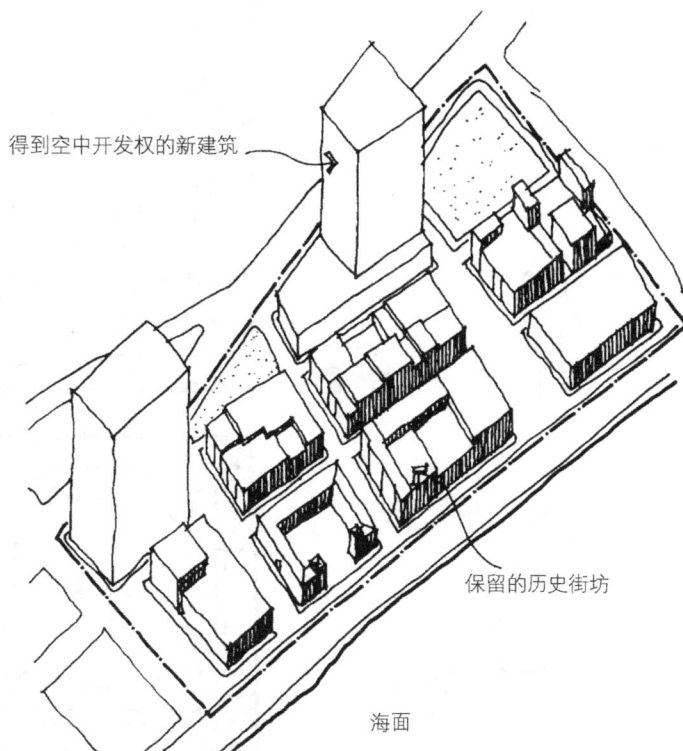

美国纽约市海港南街开
发空中开发权转让实例
之一

街道上人车混行，以车为主

街道上人行和车行道分开，增加了人在街道上的安全感

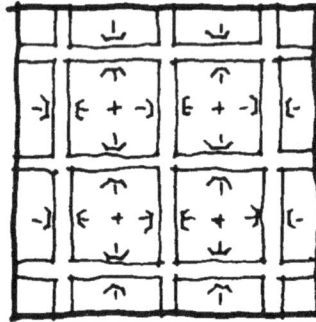

街道变成以人为主和以车为主两种形式的组合，既有效地组织了交通，又方便了行人

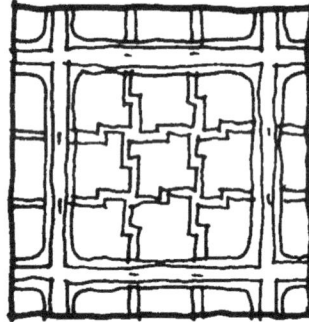

城市超大街坊的概念使较大面积的人行活动区的想法成为可能

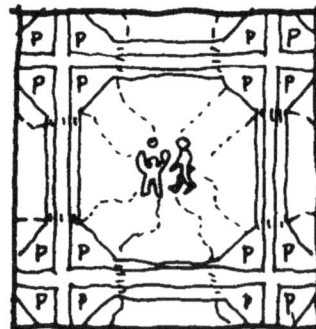

城市街道与人的关系演变图

传统城市建设运行模式

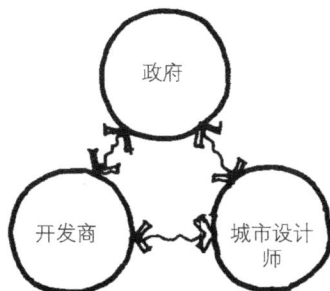

现代城市建设运作模式

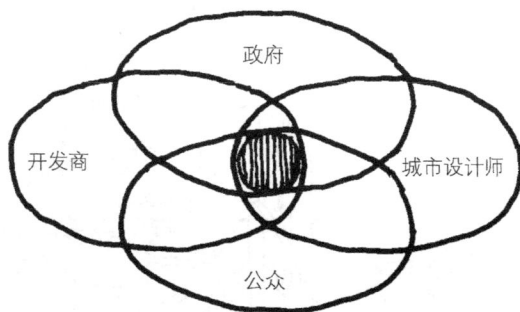

两种城市建设运作模式

公众参与的一种形式——听证会

同样重要"。

④公共艺术　公共艺术的概念始于美国费城的城市再开发局1959年提出的"艺术经费"的提案。其中规定：任何公共工程在编制预算时，必须包括1%作为购置和陈设公共艺术品之用。1967年，在美国国家基金"公共艺术"法案中也提到这一内容，并注重了艺术品的整体环境问题。

（3）开发后

城市设计的设计方案和实施管理技术是塑造城市形体环境的直接工作。城市设计实施完成以后，环境质量的维护是保留城市设计成果必需的手段。因此，城市环境的维护与管理也是非常重要的工作。它是城市设计的后续工作，有利于社区的形成与创造，形成安定的、具有凝聚力的社会团体。

美国费城中心区环境雕塑

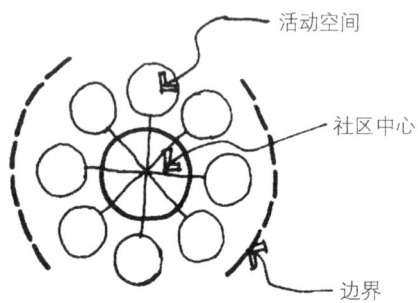

社区活动的空间结构

第七章　景观与空间

1. 景观

（1）概念与构成

城市景观是城市形体环境和城市生活共同组成的各种物质形态的视觉形式，是通过观察者的感觉和认知后获得的形象，属于城市美的研究范畴。因此，城市景观的设计也可以说是城市美学在具体时空中的体现，它是创造高质量的城市环境的有效途径之一。

城市景观包括景物、景感和主客观条件三个要素。景物是城市景观形式本身，是基本的素材。不同的景物通过不同的设计、利用与组合，可以形成不同的城市景观。景感是人对城市景观的感觉反映，不同人的景感不同。城市中的景物是城市景观的客观条件，而人在对城市景观鉴赏过程中，时间、地点及鉴赏者的个人情况则是城市景观的主观条件。

随着现代城市生活质量的提高，人们希望所生活的环境应具有内在的意义，具有美感，对城市景观的要求越来越高。因此，在城市建设时人们要求把建设项目的景观形象及其对城市环境的景观影响也作为评价设计项目的基本依据之一。

城市景观由自然景观、人工景观和活动景观构成。

自然景观是城市固有的自然环境形态，是山水、地形、地貌和气候条件等影响下的城市环境表征。

任何一个城市都是一定的自然、地理和气候条件的产物，也是城市布局和发展的依据和基础。"山顶造景构成城市景观视觉的焦点；水体岸边旷地铺展构成城市景观的长卷。"自然景观为城市形象提供了独特的先天条件，为城市的设计提供了依据。如澳大利亚堪培拉市的规划，充分利用了城市山、首都山和国会山三山构成等腰三角形的城市布局，给人留下深刻的印象。

还有杭州的西湖、桂林的山水、武汉的江流、哈尔滨的冰天雪地……在城市规划与设计中只有对这些自然条件加以保护和利用，才会使城市增

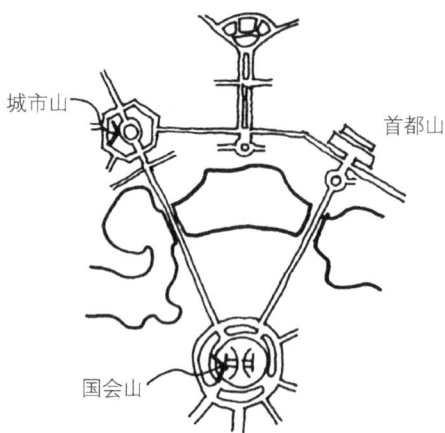

城市主要结构

澳大利亚堪培拉市城市设计

光生色。

人工景观是城市的主要景观，包括城市新旧建筑、建筑群形成的城市轮廓线、公共空间、环境艺术品等。

城市中的历史建筑反映着城市发展的历史足迹，是历代艺匠与科学家智慧的结晶，不但具有文化意义，还能满足人们的心理需求。新建筑在景观上可以表现现代科学技术成果，给城市赋予时代气息。新旧建筑结合在一起，如精心设计与组织，可以相得益彰，显出城市景观的丰富多彩。

活动景观是能够反映城市居民日常生活、反映地方风俗民情的活动。有时活动景观给人的印象是相当深刻的，具有很强的吸引力。如商业闹市区熙熙攘攘的人群，居住区中浓郁民俗味的市民生活，各种反映地方文化特征的集会游行活动等。

目前，许多城市利用活动景观对人的吸引力为城市经济发展服务，如花灯节、花卉节、龙舟节、冰雪节、庙会等，为城市景观增添了迷人的色彩。

在城市设计中综合组织、科学合理地运用以上三种景观，对提高城市形象和城市环境质量能起重要作用，如对自然景观的保护与利用，对人工景观的保护与创造，对活动景观的挖掘与组织。

应该强调的是，对城市景观的关注决不是单纯的城市美化，它不仅是一项计划当前的工作，更是一项计划未来的工作，应反映出可持续的景观变化过程。在建设上不能唯景观而造景，应避免浮于表面的形式主义，而应把景观建设与市民的需求、与实际需要结合起来。

（2）城市景观建设的策略

作为城市设计内容的一部分，城市景观是城市设计目标的基本内容，是评价城市设计方案的标准之一。同时它也是城市设计的最终结果，对城市的发展和居民的影响巨大。因此，对城市景观的建设应整体、系统地考虑。其策略应包括：

——加强对城市景观问题的研究，制定长远的和近期的景观建设计划。通过对经济发展、城市历史和现状的调查研究，通过对市民城市形象方面的调查分析，配合城市规划和城市建设的时间年限、实施步骤制定城市景观建设规划，包括城市风貌特色、建筑风格、历史文脉等，并按照经济规律、应用行政手段使计划能够落实，具有可操作性。许多城市在城市总体规划中加入了城市设计的内容和城市风貌特色规划的内容。如黑龙江省对城市风貌特色规划的要求，台北市"城市独特风格"的研究等。

——建构景观体系。内容包括城市天际线形式；高层建筑的分布；城市形象标志系统；主要公共空间的布局；主要景观点的分布；视线、视角、视廊的形成与保护；城市建筑在城市环境中的景观地位；城市广告招牌的

原有地形条件

忽视地形条件的开发建设

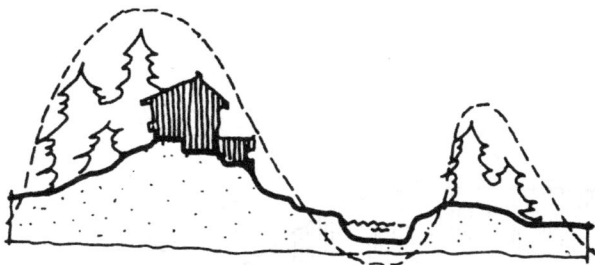

结合地形的设计 充分利用地形条件因地制宜的开发建设

133

设置与设计；城市公共艺术的布局与构想等。

——建立景观管理条例，实行包括景观质量在内的设计评审制度。从法规建设上建立城市景观的保护、创造的具体规定和标准。在城市设计评审委员会中吸收公共艺术方面的专家。委员会的工作从城市规划、城市设计、景观设计到建筑设计，对每个设计和建设项目都应进行景观形象的评价，还应评价建设项目对城市景观的现在影响和潜在影响。

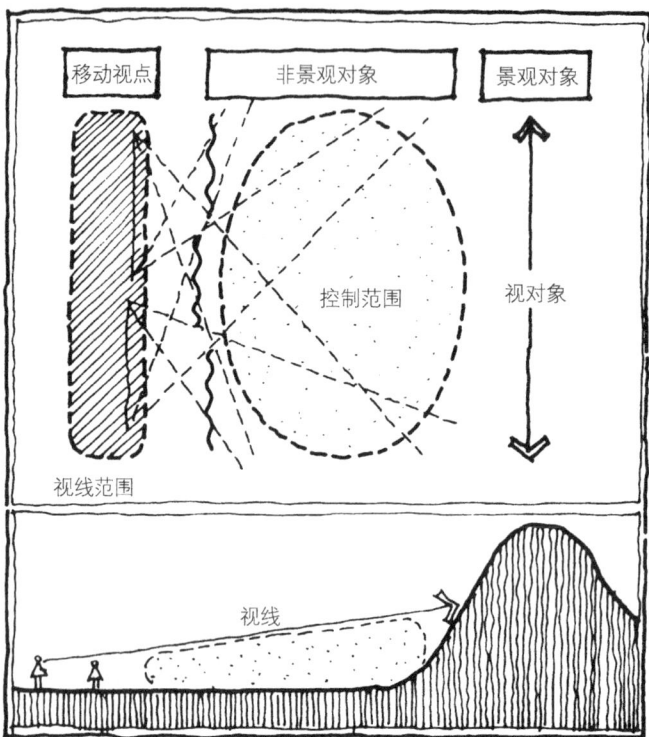

日本京都市东山景观控制图示

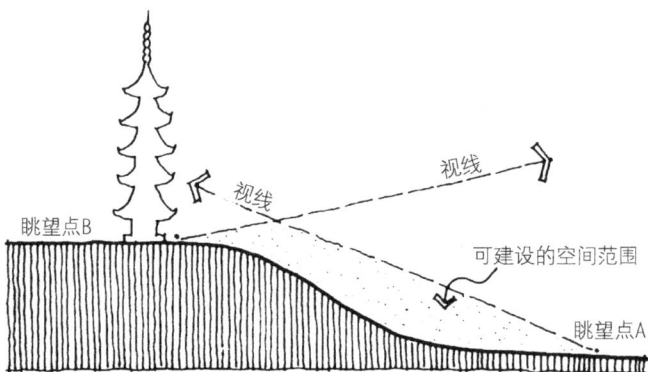

日本奈良市景观保护计划示意

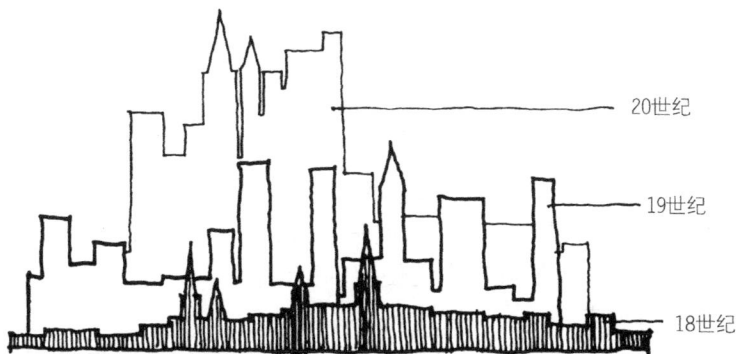

美国纽约市曼哈顿天际线不同时期的变化

　　——在城市设计领域加强与景观建筑学和公共环境艺术学科的联系，把景观建筑设计和公共艺术的创作与城市整体环境的景观规划结合起来。
　　台北市颁布的"公共艺术奖助条例"对城市公共环境的艺术化有着积极的影响，值得学习和借鉴。

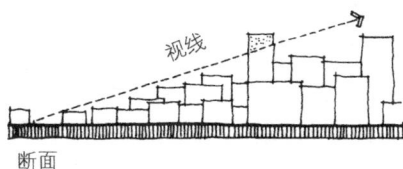

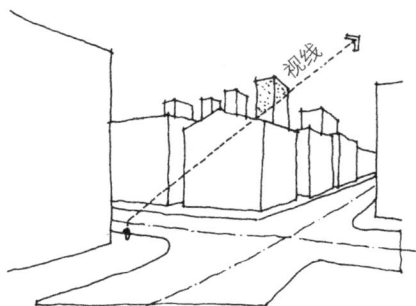

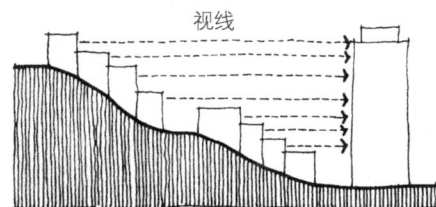

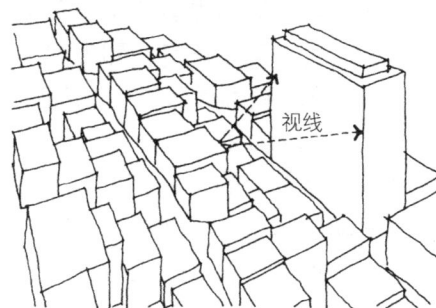

在城市空间中，特别是山城空间，板式建筑比方形建筑所遮挡的视线更多，因此，在城市中尽可能避免建设板式高层建筑

山地和平原城市不同的景观效果

135

2. 空间

这里讨论的空间是由城市中的建筑物、构筑物、树木、室外分隔墙等垂直界面和地面、水面等水平界面围合，由环境小品、使用者、使用元素等点缀而成的城市空间；或是由建筑物、构筑物、树木、室外分隔墙等垂直实体控制和影响的城市空间。它们是从大自然中分隔出来的较小的、具有一定限定度的、为人们城市生活使用的空间。

（1）空间的构成

从构成角度讲，城市空间是由底界面、侧界面和顶界面构成的，它们决定了空间的比例与形状。

底界面即地面，其形态构成包括道路广场、绿地和水面等。

侧界面是由建筑立面集合而成的竖向界面，它反映着城市的历史与文化，影响着空间的比例和空间的性格。

顶界面是两个侧界面顶部边线所确定的天空，它是最富变化、最自然化并能提供自然条件的界面。

以上叙述的仅是城市空间的基本界面，它决定了城市空间的结构，是空间的"构框"。在城市空间中，除了起"构框"作用的基本界面外，还有许多起"填补"作用的凸出来的装饰物，它们有时在空间中起主要作用。

芦原义信在《街道的美学》一书中把"决定建筑本来外观的形态"称之为建筑的"第一层次轮廓线"，而把那些"建筑外墙上的凸出物和临时附加物所构成的形态"称之为"第二层次轮廓线"。这样的划分，有助于我们对空间界面的理解和认识。

不过芦原义信的界面分类是仅就侧界面而言的，如果从空间的整体上讲，这一分类还可以拓宽，即上述的三种基本界面均可以被认为是城市空间的"第一层次轮廓线"，在它们各自界面上出现的点缀性装饰物或设施则为"第二层次轮廓线"。

如在底界面上的地面铺装、座椅、小品、绿化、基本设施，甚至在街道上活动的人等；在侧界面上的广告、牌匾、装饰物、商品陈列、灯饰等；在顶界面上的空中挂布、框架、旗饰等。

总之，第二层次轮廓线一般是由容易拆装、灵活多样、尺度宜人、色彩鲜明的物质元素构成的。它的出现是促进经济活动的需要，是提高环境质量和创造空间气氛的必要措施。

（2）空间的分类

城市空间可以按具有尺度感的空间的领域性分类。

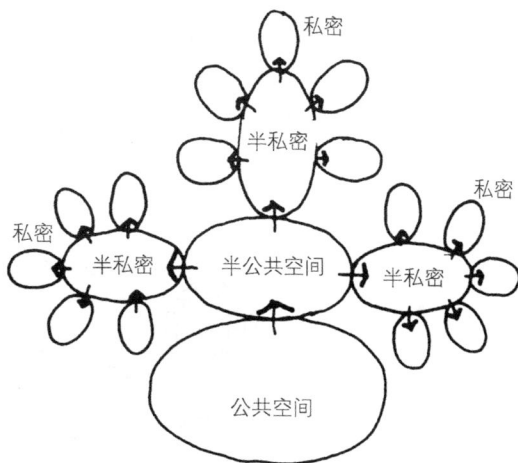

美国人奥斯卡·纽曼提出的空间领域性示意

领域性（Territoriality）是由美国人奥斯卡·纽曼首先提出的城市空间的一个概念。他在研究人们行为活动与城市形体环境关系的基础上，确认人的各种行为活动要求有相应的领域，特别在居住环境中他提出了一个由私密性、半私密性及公共性空间构成的空间体系的设想。如果细心观察，在城市许多公共活动场所里，如在广场、街道或公园里，我们都会发现人们要求各种领域性不同的空间。如在一个空旷的大广场上，如果你面临着这个完全开敞的空间，而寻找不到可以稍微安静地休息一下或与朋友闲聊一会儿的半公共或半私密领域，人们会感到索然无味。因此，城市空间按领域性可以分为开放空间、半开放空间和私密空间。

以上的分类是横向的，还可以是纵向的划分。如按空间在形体环境的位置来划分，有地面公共空间、地下公共空间和空中公共空间。

近年来，人们对地下公共空间和空中公共空间的探索与挖掘越来越重视，扩大了城市生活的范围，增加了城市空间的丰富性和趣味性，提高了对城市资源的利用。

（3）空间特点和主要空间

城市空间与建筑空间一样，既可能是相对独立的整体空间，也可能是相互有联系的序列空间。与建筑空间不同，在城市空间中后者占主导地位。它是由不同功能、不同面积、不同形态的各种空间，如广场、街道、园林、绿地、居住庭院等相互交织的具有一定体系的序列。

因此，城市空间的设计主要应考虑建立良好的时间和空间秩序，考虑从一个空间向另一个空间运动时人对空间的体验，如城市空间中的渗透、转换、导向等。

在城市设计中，总是应尽可能保持城市空间序列的连续与完整，使人的行为活动和视线不被打断，因此，应追求城市空间的步行区化和城市各街区的连续与交融。一些城市设计就是以此为设计目标，获得了很大的成功。

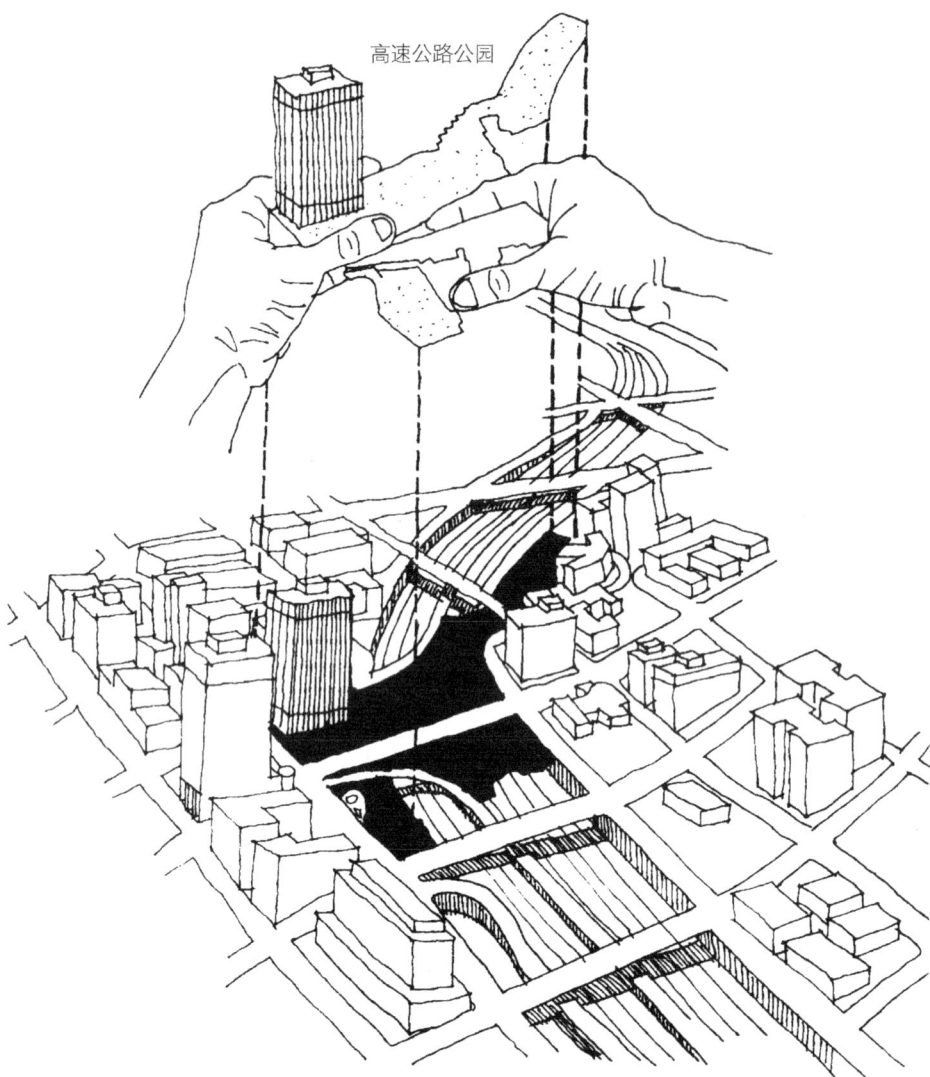

高速公路公园

该公园建在高速公路上，把被高速公路分隔开的两个区域联系起来。该项目由著名景观建筑师劳林斯·哈普林设计。1980年获美国城市环境设计中城市设计管理奖

美国西雅图市高速公路公园

　　城市设计主要是设计城市的公共空间，其主要包括城市的街道、广场、滨水地带、绿地等。其中设计最多的还是街道和广场。

　　街道是城市中最公有化的空间，也是城市中最富有人情味的活动场所之一。街道的演变与划分从一个侧面反映城市的发展变化。现代城市对街道的划分越来越多也越来越细，我们仅从街道一词的英文发展就可见一斑。在英文中与街道对应的词很多，有 Street、Road、Highway、Expressway、Freeway、Drive、Sidewalk、Skyway 等，反映出街道类型的多样化。

　　美国一位社会学家说过："如果城市街道看起来有趣，这个城市就有趣；如果它看起来呆板单调，这个城市就显得单调。"可见街道在城市中举足轻重。

　　与欧洲城市相比较，中国城市缺乏广场，市民的城市生活基本上发生在街道、里弄和小巷中，街道在城市空间中占更主要的地位。

　　城市广场是城市精华所在，被誉为城市的客厅，这一说法可能来源于拿破仑，他曾称威尼斯的圣马可广场为"欧洲最豪华的客厅"，这一比喻非常恰到好处。

　　我们从整体上看，整个城市就好比一幢大的居住建筑，那么街道就是这个建筑的通道，建筑物的室内空间可以相当于各个私密性较强的卧室或书房，能够称得上客厅的就是城市广场了。

　　（4）空间的界定

　　空间是人类赖以生存的最基本的物质元素。它还能赋予它所包围的一切以某种特殊的感情色彩，对我们的生活有非凡的作用力。

　　城市设计是对建筑物之间空间的设计。从狭义上讲，就是处理由建筑物界定的空间。

　　芦原义信在《建筑的外部空间》一书中提出城市空间具有两重性，即积极性（Positive）和消极性（Negative）。

　　具有积极性的空间应界定鲜明、比例恰当、具有相应的活动支持和设施完善，被称为积极空间。反之就是消极空间。

　　如前所述，城市空间有两个层次的界面，以下所谈的仅是第一层次界面的界定问题，它是城市空间形成的基础。

　　在积极的城市空间中，界面对空间氛围、舒适度影响很大。美国城市设计师理查德·海得曼认为，若要使城市空间舒适、宜人，必须使形成城市空间的界面之间的关系符合人的视阈规律，按照最佳视阈要求确定空间的断面，才能使人接受。一些蜚声世界的城市空间之所以获得成功，与设计师对空间界面的详尽分析是分不开的。

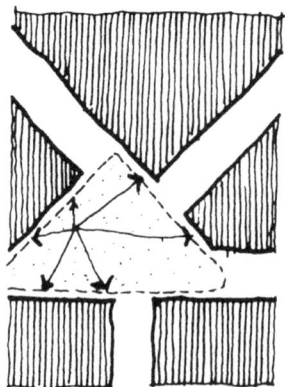

有序的空间

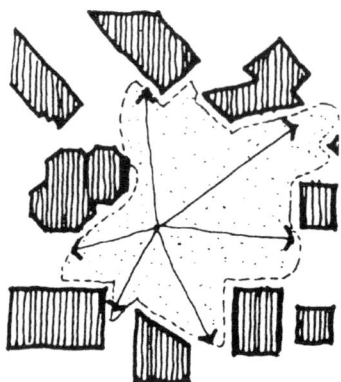

无序的空间

不同的空间界定效果

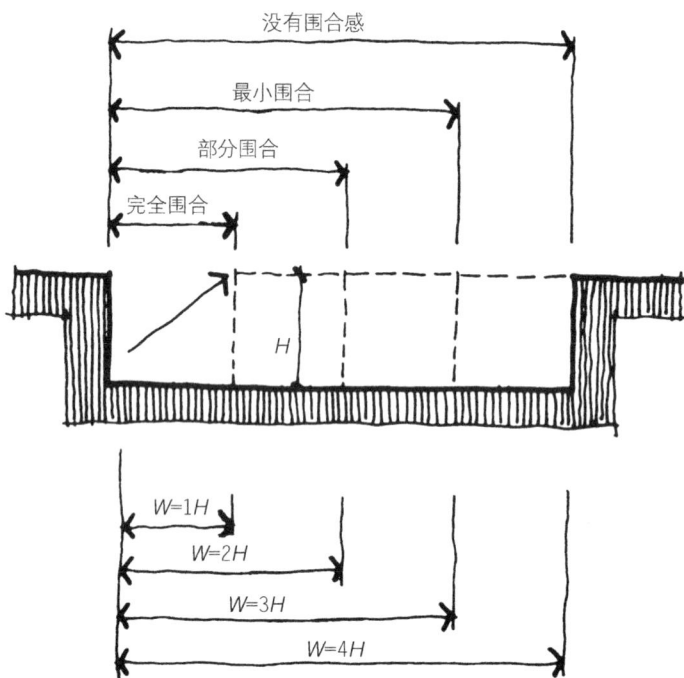

空间围合感示意

　　关于人的视觉理论已有许多研究和论述，但都集中在视角和视距上。本书引用理查德·海得曼"视阈范围"的概念，通过对人的视阈范围的分析，来确定对城市空间的界定。

　　正常情况下，人的视阈范围在水平方向是180°左右，垂直方向是130°左右，向上看比向下看约小20°，分别是55°和75°。在这一范围内，人可以看到所有物体，但不一定看清和注意到所有物体。

　　根据这一视阈范围，我们可以分别确定城市街道和广场空间的界定问题。街道空间的特点是在一个方向上界定明确，而另一个方向则没有界定，所以对街道空间界定仅从街道的断面上研究街道宽度与界定面高度的关系。

　　我们选取几种典型的比例形式，用人的视阈范围来分析，就可以很容易理解人在街道上对不同空间界定的感受。

　　当高∶宽 =1∶4 时，空间的界定感不强，使人感到很空旷，这时街道设计应采取两种方法：一是在适当的地段做下沉式休闲区，或与地下空间联系的下沉式广场；二是在街道空间中布置一定高度的环境小品或种植乔木绿化。

　　当高∶宽 =1∶2 时，空间的界定感较强，街道空间已经比较紧凑，建筑与街道的关系较密切。这时街道设计不宜布置过多、过大的环境设施。

　　当高∶宽 =1∶1 时，空间的界定感很强，人的视线过多地注意两侧建筑，这时街道设计应注意建筑与街道一体化处理，注意街道和建筑在装饰上的协调。

　　当高宽比大于视阈范围时，空间的界定感最强，由于超出了人的视阈范围，会使人失去对尺度的判断能力，会产生压抑感和恐惧感。这时街道设计需采取一些设计手段加以改善，诸如"有效界定"手法，即利用"街道墙"的概念，用建筑手段将人的视线限定在空间比例较好的范围之内，

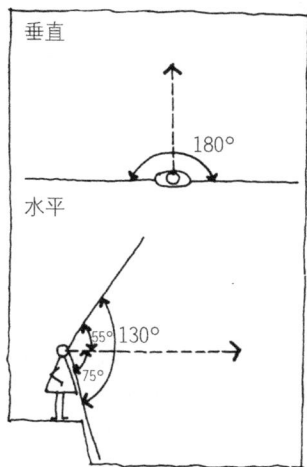

人的视阈范围

街道空间界定图示

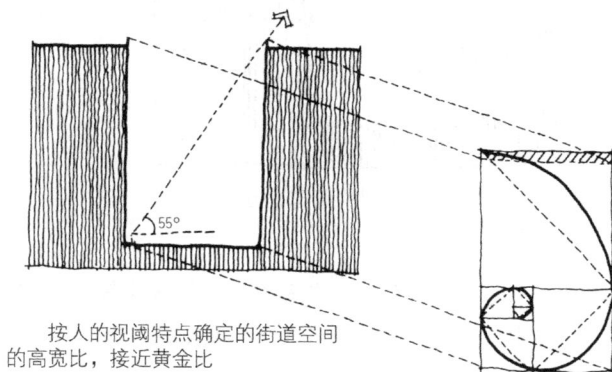

按人的视阈特点确定的街道空间
的高宽比，接近黄金比

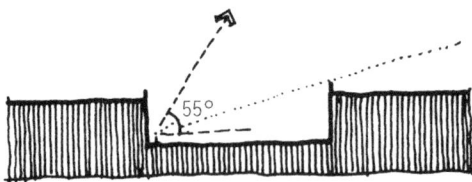

当高：宽=1：4时，可见的天空面积比例很大，是墙面的三倍。这种比例街道的空间感较弱，人们使用空间时并没有把空间作为整体来感受，而是更多地体会空间的细部，即其中一个界定面、标牌、路灯等

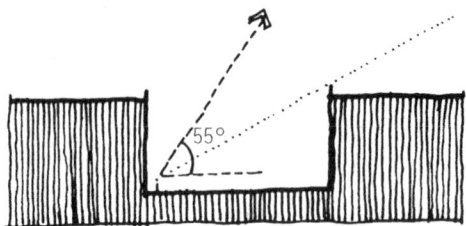

当高：宽=1：2时，可见的天空面积比例与墙面几乎相等，但是，由于天空处于视域的边缘，属于从属地位，因此，这种比例关系较好，有助于创造积极的空间

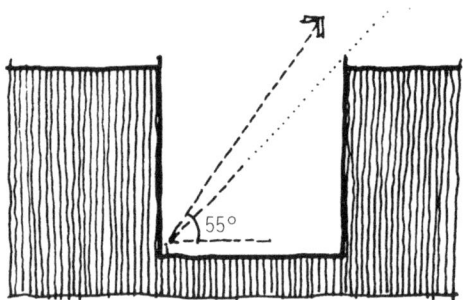

当高：宽=1：1时，可见的天空面积比例很小，而且在视域边缘，人的视线基本上注意在墙面上，墙面需谨慎处理，这种比例的空间界定感很强

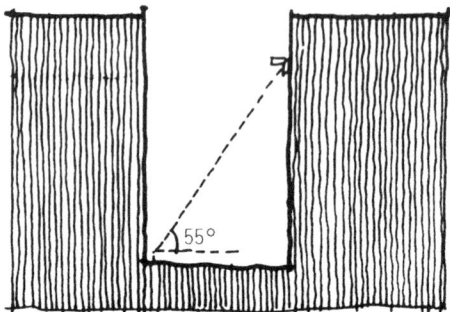

当高宽比大于视域范围时，视域内看不见天空面积，使人失去了对建筑高度的判断能力。若建筑高度继续增加，街道的光线变暗，会给人以恐惧感

正常视阈范围内街道空间的高宽比分析

并在材料、质感等方面与建筑物较高的部分形成对比，在外观上注意对人的视觉和心理的作用。国外对高层建筑底座的设计要求就是出于这方面的考虑。

广场空间与街道不同，其空间效果受规模大小影响很大。因此，在讨论其界定问题之前，有必要对广场的规模作一简要论述。

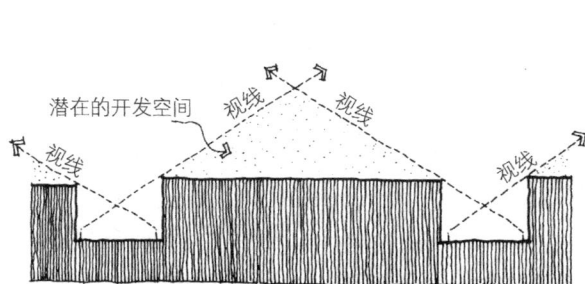

在虚线所定的范围内布置增建的建筑面积，在人行道上是看不见的

视角控制要求：人在街道上，视线不能看到规定建筑高度以上的任何建筑体块

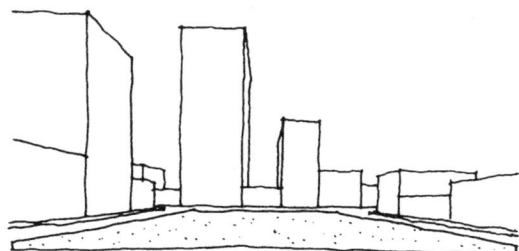

街道空间的开发潜力

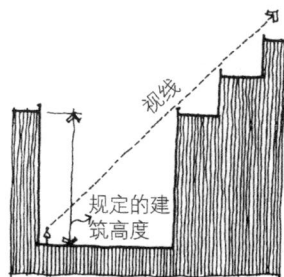

形成广场的建筑群高低差别过大，会使空间的界定感不强

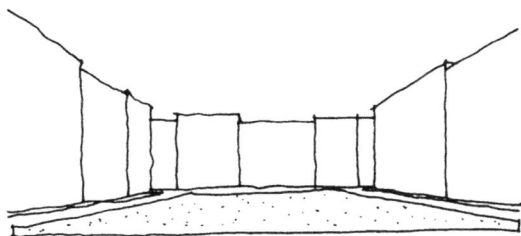

当周围的建筑高度相差不大，且广场的高宽比为1：3时，能有效地界定广场空间

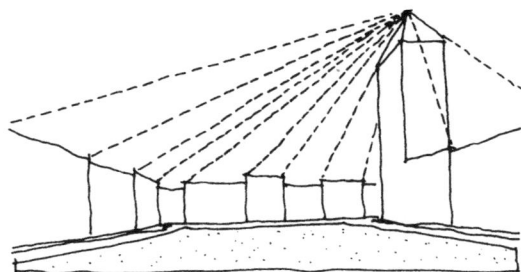

在广场的高宽比达到1：4时，需在周围重要地点布置一栋较高的建筑，能获得"伞效应"的空间界定效果，并能形成广场的标志性特色

广场空间界定图示

广场的规模与它所具有的功能密切相关。有大到可容纳几千人到上万人的纪念广场或政治性、综合性集会广场，如北京的天安门广场、上海的东方广场、长春的人民广场等，规模均在 8hm² 以上。然而，城市中大多数广场是市民广场，广场大小应根据其容纳的人数和建筑物的规模决定。据对欧洲中世纪优秀的城市广场的调查，一般认为城市市民广场的最佳尺寸应在 60m×150m。超出这个尺寸时，广场空间就难以界定。目前我国城市广场也趋向于多功能和小型化，出现了许多袖珍广场和袖珍绿地。

对于广场来说，比较好的广场空间应是高宽比在 1：3。当高：宽在 1：4 时，也能形成良好的空间界定，但广场的界定面应该有对比，需要一栋较高的塔楼作为空间的支撑点，从而获得"伞效应"。

无论街道还是广场，空间界定物在高度上的一致性是重要的。高度变化应控制在总高度的 1/4 之内，使界面连续统一。若有高度变化也应在重要的位置，如街道十字路口的转角、空间过渡点等。

除了空间的界定外，界定物的标志性和尺度问题也十分重要，使人们容易判断方位和距离。

空间的第二层次界面的处理涉及景观建筑学和公共艺术学科，在此不作讨论。

第八章　实例简介

1. 美国坎布里奇市哈佛广场及周边地区开发导则

  美国坎布里奇市位于美国东北部的马萨诸塞州，与波士顿市只有一河之隔，是一个主要由哈佛大学和麻省理工学院两个学校组成的城市，被称之为"最纯粹的大学城"。

  哈佛广场紧靠近位于坎布里奇市西侧的哈佛园，是哈佛大学的中心，也是坎布里奇市最繁华的城市商业中心之一。

  哈佛广场的概念与一般城市广场的概念不同，它不是一个集中的大广场，而是由一系列相互联系的节点和与其相关的街道形成的动态的线形城

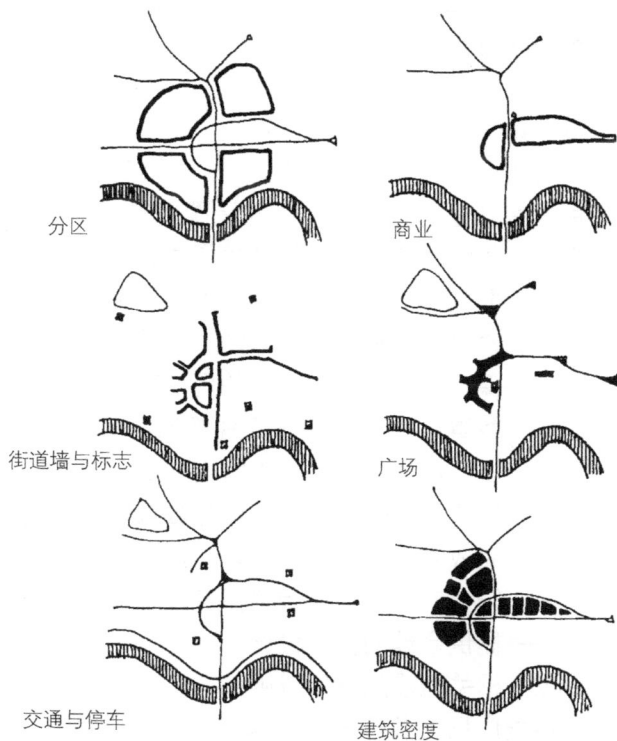

分区　　　　　商业

街道墙与标志　　　　　广场

1975 年对哈佛广场形态元素
的分析

交通与停车　　　　　建筑密度

145

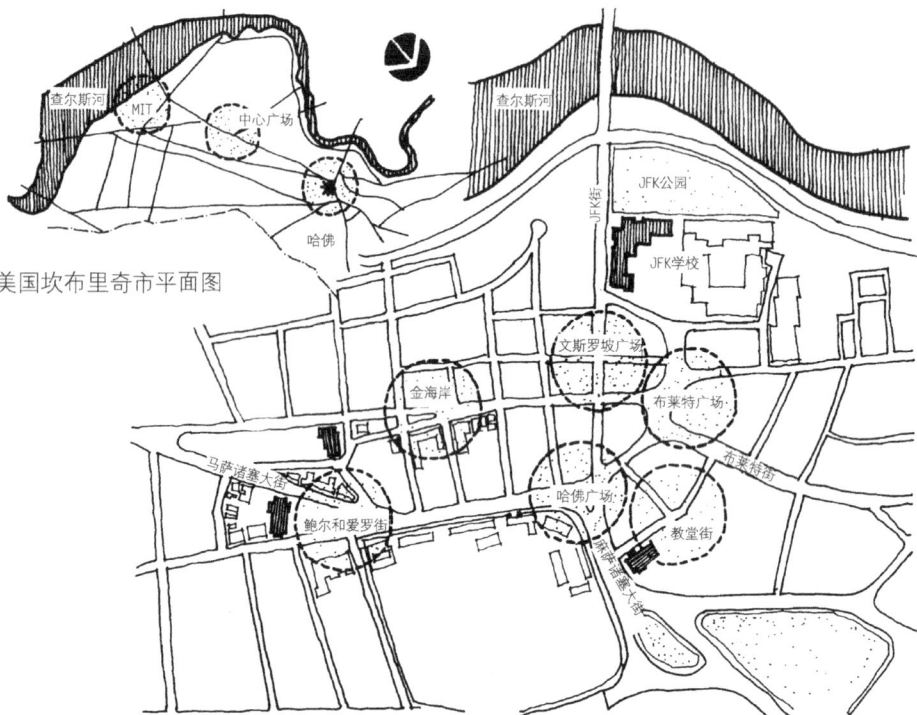

美国坎布里奇市平面图

哈佛广场平面图

市空间骨架。

　　哈佛广场开发导则是在 1975 年和 1984 年对广场的两次调查、评价和分析的基础上进行的，其目的是通过对前两次成果的分析和总结，从形体上为将来的发展变化提出科学的指导，保证这一地区空间环境的整体性。

　　它主要包括哈佛广场整体开发导则和相关地段的开发导则两个部分。

　　（1）哈佛广场整体开发导则

　　——保护并加强广场原有的历史建筑；

　　——尊重广场建筑形式及规模的多样性，鼓励在鲜明街道墙界定下的城市环境中，创造独立的、由绿地和庭院组成的积极空间系列；

　　——在广场中心建立高质量的公共空间环境，完善环境设施；

　　——完成空间的步行系统，方便人行活动和提高城市空间使用的效率；

　　——维持广场使用性质的多样性，加强社区的文化氛围；

　　——提供合理的停车设施。

　　（2）相关地段的开发导则

　　根据广场公共空间和建筑特点，相关地区一共分为六块，共同构成哈佛广场的公共空间系统和特色。因此，开发时除了注重对各自特色的保护外，还要注重它们之间的相互关系。

①哈佛广场和马萨诸塞大街　哈佛广场以新建的地下铁车站为中心，以马萨诸塞大街为主要交通和视觉走廊，南侧是高密度的、综合使用的城市中心区。

——公共空间。为避免广场过分拥挤，应保持广场的开放性，并鼓励某些私人室外空间向公众开放。

——私人地块。尽管各种各样的改造活动不可避免地要发生，但这个地块不会有较大的再开发活动。新建筑应尊重这一地段高度融合、折中性的特点。在设计评审时应注重保证体块、材料、标牌和地面处理等方面能反映环境的历史特点。地面改造应与地铁站协调，并有良好的植被和人行铺装。

②鲍尔和爱罗街　这一地块有几栋教堂，是这一地区的标志性建筑。其街道模式与欧洲城市的街道很相似，是很有特色的地区。它也是哈佛广场与周围居住区联系的过渡地块。

——公共空间。昆茜广场需进行改造，使之成为更安全、更吸引人的

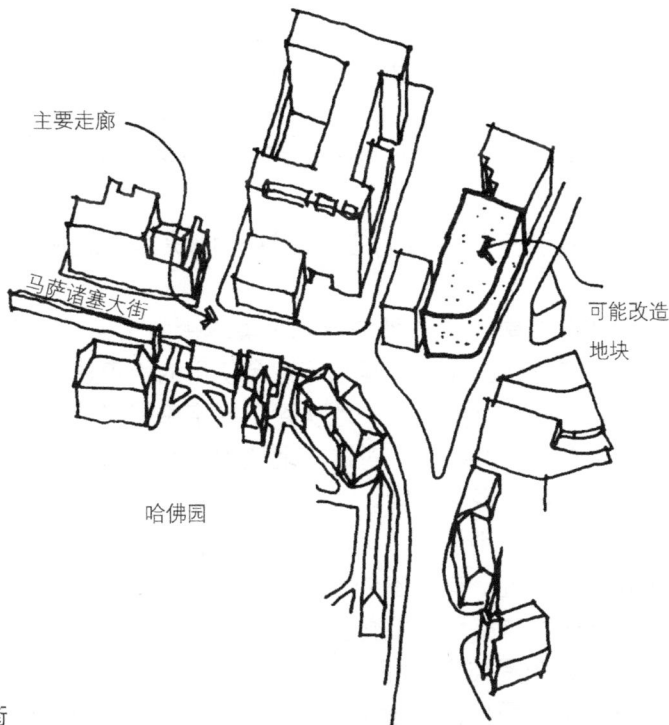

哈佛广场和马萨诸塞大街

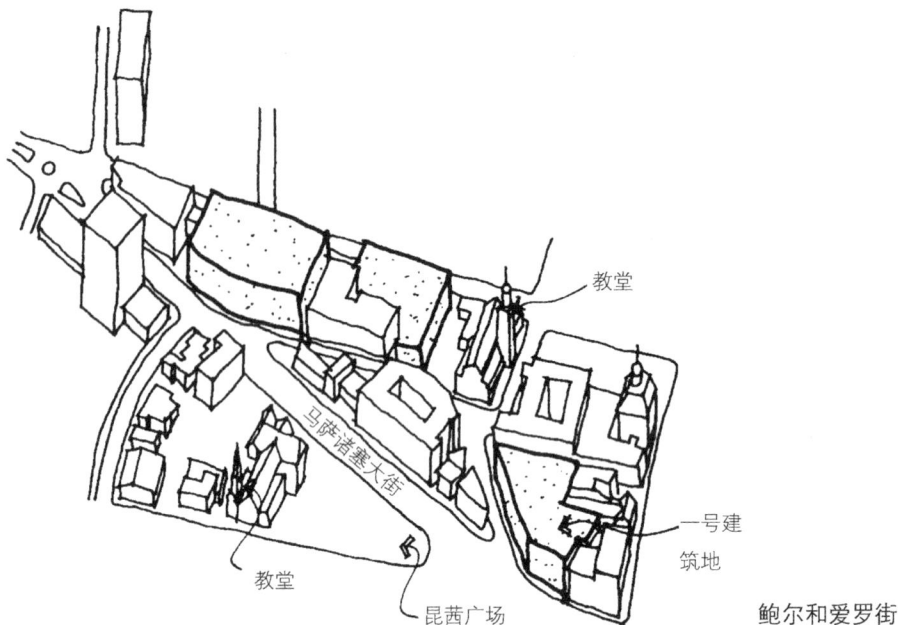

鲍尔和爱罗街

公共空间；应借鉴哈佛广场改造的做法，在城市道路的断面设计中扩大人行道面积。

——私人地块。由于一号地块紧靠昆茜广场，又处于几条道路的交角处，与教堂相望，空间和景观上十分重要，要求新建筑要尊重教堂和昆茜广场，并成为这一地段的入口标志，还要保持这一地块建筑形式和尺度的多样性。

任何新开发项目均应反映这一地块作为居住区向哈佛广场过渡的特点。

③金海岸 这一地块以米·奥本街为主，建筑物基本上以老式公寓为主，也有居住、商业、娱乐等综合使用的历史建筑，形成优美的特殊地块。

——公共空间。这一地块除了界定感很强的街道以外，有一些停车场，没有主要的公共空间。对这一地块的改造应加强人行道的安全性和便利性，有条件时种植绿化植物。

——私人地块。该地块的许多私人基地上都有吸引人的小院，增加了景观的丰富性。其他室外空间应做整理并种植绿化植物，任何私人再开发应保持建筑与空地的平衡。

④文斯罗坡广场和 JFK 街 JFK 街是哈佛广场和查尔斯河联系的主要通道。街道两侧是哈佛大学宿舍和居住建筑，JFK 公园是河边的主要公共

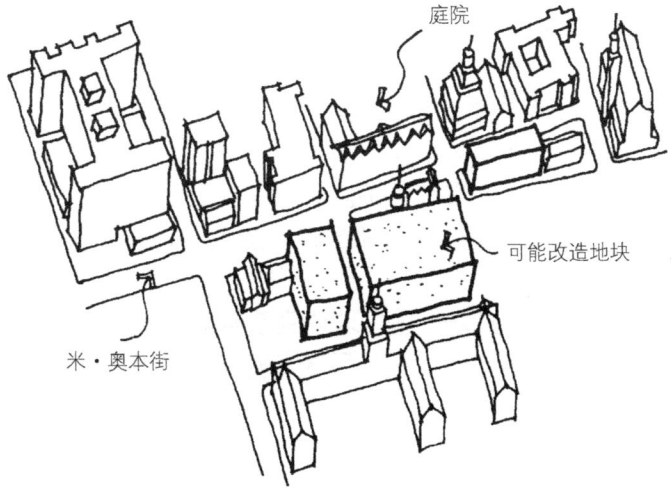

庭院

可能改造地块

米·奥本街

金海岸

查尔斯河

JFK街

JFK公园

文斯罗坡广场

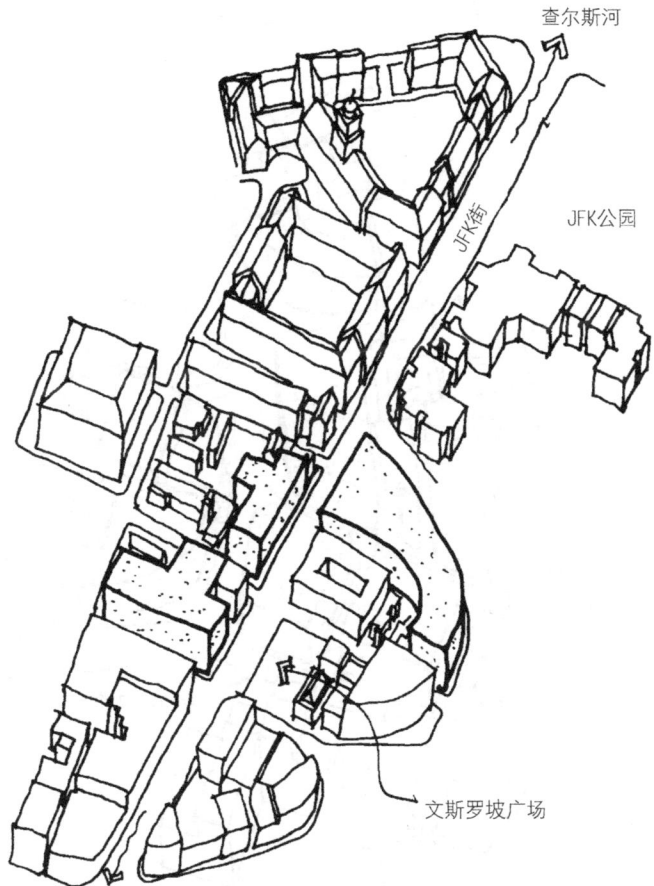

文斯罗坡广场和 JFK 街 哈佛广场

空间，文斯罗坡广场位于 JFK 街的中段。

——公共空间。JFK 公园是哈佛广场的主入口，应加强公园与广场之间的人行道质量，特别是文斯罗坡广场需要改造。

——私人地块。有几栋商业建筑在标牌和建筑色彩上不合适，空间单调乏味，需要改造和维护。

与文斯罗坡广场相邻的建筑应改造，有助于提高文斯罗坡广场的环境质量。

⑤布莱特广场　这一地块联系着新旧两个部分，是重要的过渡地段。

——公共空间。该地段人行道的绿化提高了布莱特广场的形象性，也加强了与哈佛广场的联系，但几个主要空间之间缺乏联系，需通过改造得以加强。

——私人地块。有些私人开发和路口设计将有助于哈佛广场整个地区空间系统的联系，也有助于界定布莱特广场。

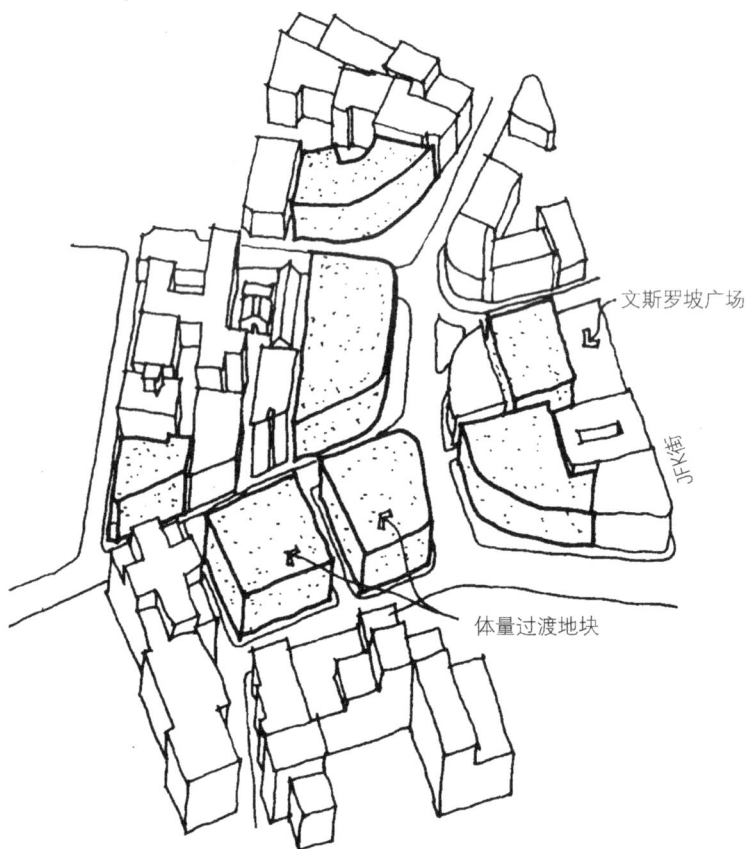

文斯罗坡广场

JFK街

体量过渡地块

布莱特广场

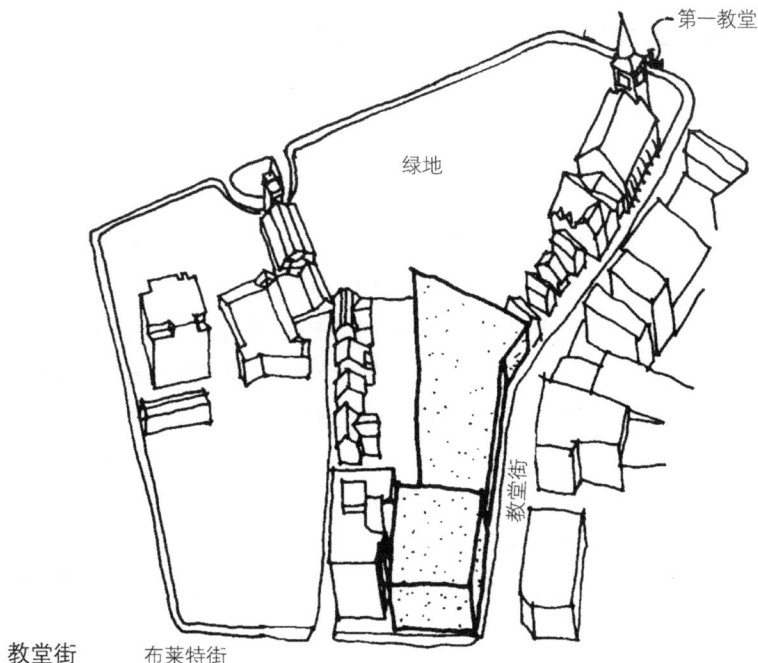

新开发项目应临红线建设，以加强人行道和广场的活力。由于许多建筑建于 20 世纪 30 年代，因此，在新建筑的建筑风格上应灵活多样。

⑥教堂街　这一地块有许多著名建筑，是历史性、小尺度建筑向商业区建筑过渡的地块。

——公共空间。教堂街承担着重要的交通功能，街道应改造并与相邻几条街道协调。

——私人地块。私人开发应认识到教堂街建筑在空间上的过渡性。应引导新建筑提供公共空间并反映小尺度的历史建筑模式。

在这一导则出台之后，坎布里奇市又修改了有关哈佛广场的建设条例，以保证和加强广场的功能和视觉特点，缓和新开发建设对相邻地段的影响，维护城市环境的多样性、空间模式和建筑尺度，为导则提供便利可行的操作环境。

条例中还规定成立专门的哈佛广场建设评审委员会，以导则为标准评审哈佛广场的开发建设项目。条例还对委员会的组成、责任和工作程序等作出具体规定。

2. 美国达拉斯市市政中心城市设计导则

美国达拉斯市是得克萨斯州的第二大城市，是美国西南部的金融中心之一。

这项设计导则是达拉斯市中心区市政大楼新楼广场对面的两个主要街区的城市设计控制性文件。一个街区是中心研究图书馆和联邦储备银行的扩建部分，另一个街区是 ERVAY 街 500 号大楼。

导则共分两个部分：第一部分是对市政中心所处的中心商务区的分析与描述，包括交通系统、功能分析等，从而制定出这一地区的总体规划构想；第二部分是确定市政中心周围的图书馆、联邦储备银行、ERVAY 街 500 号大楼等几个建设项目的城市设计目标。为实现这一目标，以设计导则的形式对拟建项目提出了控制要求。

通过这些导则保证这一地区开发建设中公共利益不受威胁，但它不是一系列硬性的规定和管理条例，它具有一定的弹性，以免束缚和限制建筑设计的创作。

以下介绍的是导则的第二部分。

——目标 A。使新建筑与达拉斯市政厅协调一致。

导则：

A-1 在图书馆 / 联邦储备银行街区的开发和南 ERVAY 街 500 号街区的任何再开发中最大高度限制在 42m。

A-2 面向广场的主要外立面材料应是混凝土、砖石或石料镶面，从而与市政的立面协调。

A-3 应保持街道设计的连续性，即设计元素的一致和不间断的秩序。这些元素包括：铺装材料、色彩、质感和模数；植被、容器、间距；路灯的样式、高度、间距、亮度和情调；街道家具的材料和风格。

A-4 应维护市政广场及周围环境的协调性，在元素之间

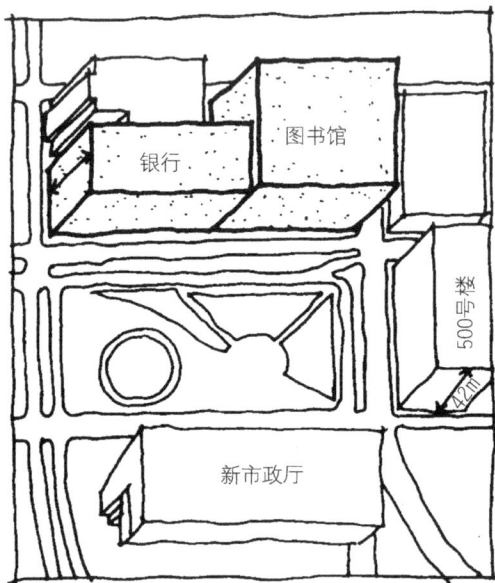

空间及界面

保持整体上的协调。

　　——目标 B。为市政广场提供空间界定。视觉感知的研究表明，公共广场宽度与建筑高度之间的关系是开敞空间视觉界定的关键。为了取得视觉上的围合感，广场宽度与建筑高度之比不可超过 4：1。对于这个较大的市政广场来说，空间界定是十分必要的。

　　导则：

　　B-1 面向广场一侧的建筑物立面控制高度是 30m。

　　B-2 面向广场一侧的立面控制面应在距路缘线 12m 以内，以保证连续的界定墙效果，然而鼓励在立面上作凹凸变化以避免对街道造成压抑感。为了不分散中心广场的空间集聚效果，不鼓励在广场周围建任何小广场。

　　B-3 面向广场一侧的临街控制面应是建筑立面，这样广场可以界定鲜明，不出"漏洞"。

　　——目标 C。与原有的人行交通系统成为一体，并为将来的人行步道系统的扩建提供可能。

　　图书馆／储备银行街区位于多层人行交通系统的连接点和延伸点上，包括 ERVAY 街的人行交通由坡道通往市政厅和会议中心，地下道通往市政厅车库、广场、地铁站，人行天桥通往城市空中步道系统。

　　导则：

　　C-1 沿图书馆和银行的用地界线应留出最小 10m 的坡道，使空中步道得以延伸。

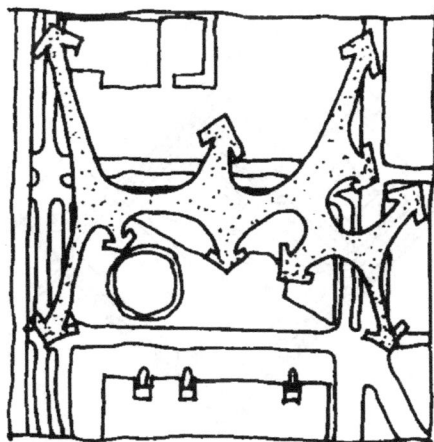

交通组织

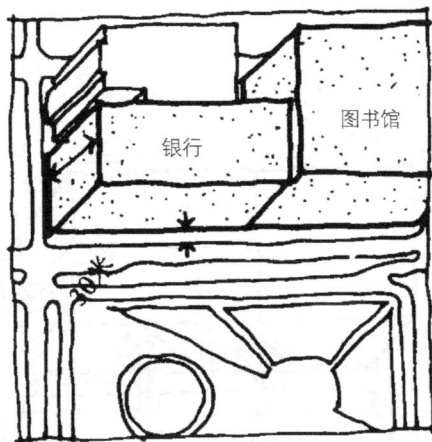

建筑与街道关系

C-2 为空中步道的竖向延伸留出空间。

C-3 为拟建的地铁站留出人行通道的空间。

C-4 地面层退后，提供视觉上的入口。

C-5 为市政厅和地铁提供可能的地下连接。

C-6 图书馆街区和市政厅广场之间的人行道设交通信号管制。

——目标 D。促进步行区的生活和活动，增强视觉的愉悦性。为了活跃达拉斯市政中心建筑群的环境气氛，而引入活动支持，以丰富环境活力，如商业设施、喷泉、凉亭、拱廊等。这些让人停留的空间应该与车辆交通严格分开，并注意视觉质量，如视廊、整体景观、建筑和街道景观要素、人性化尺度和恰如其分的高度变化等。

导则：

D-1 直接面向广场的街道不允许停车或进行服务性活动。图书馆街区的货运应在后街，其出入口位置应距道路交叉口至少 60m。

D-2 在图书馆街区上应设室内公共空间，并面向 ERVAY 街的控制面，包括一个画廊、大厅、书店、餐厅和购物空间。

D-3 应引入拱廊、阳台等，形成阴影、人性化尺度和视觉趣味。

D-4 沿 YOUNG 街和 ERVAY 街的立面应设有面向市政广场的阳台和眺望口以及遮阳设施。

D-5 建筑师应考虑建筑自身的照明和街道照明，以加强街区的夜景观。

D-6 新建银行应尊重老银行立面的完整性，在转角处应后退，以创造出明显的入口空间。

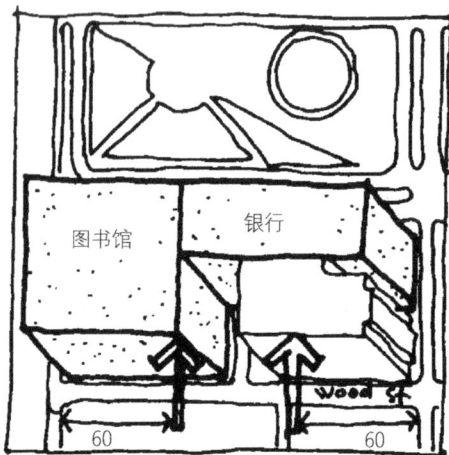

货运出入口

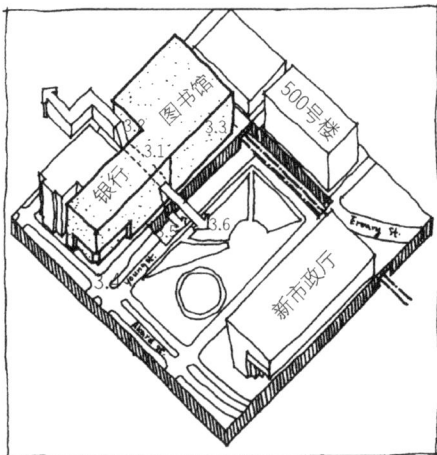

人行交通系统

参考文献

1．[美]乔纳森·巴奈特．都市设计概论．谢庆达译．台北：创兴出版社，1993．

2．陈明竺．都市设计．台北：创兴出版社，1992．

3．[美] E．D 培根等．城市设计．黄富厢等编译．北京：中国建筑工业出版社，1989．

4．[美]柯林哥根·莫尔等．计划单元整体开发实务．创兴出版社译．台北：创兴出版社，1994．

5．林钦荣．都市设计在台湾．台北：创兴出版社，1996．

6．[美]韦恩·奥图等．美国都市建筑——城市设计的触媒．王劭方译．台北：创兴出版社，1992．

7．清华大学建筑学术丛书．吴良镛城市设计论文集——迎接新世纪的来临（1986~1995）．北京：中国建筑工业出版社，1996．

8．王建国．现代城市设计理论与方法．南京：东南大学出版社，1991．

9．吴良镛．广义建筑学．北京：清华大学出版社，1989．

10．[美]希若·波米耶．成功的市中心设计．马铨译．台北：创兴出版社，1995．

11．吴良镛．城市规划设计文集．北京：北京燕山出版社，1986．

12．[美]理查·科林斯等．旧城再生——美国都市成长政策与史迹保存．邱文杰等译．台北：创兴出版社，1990．

13．徐思淑等．城市设计导论．北京：中国建筑工业出版社，1991．

14．阮仪三．城市建设与规划基础理论．天津：天津科学技术出版社，1994．

15．彭一刚．建筑空间组合论．北京：中国建筑工业出版社，1983．

16．西山三监修．历史文化城镇保护．路秉杰译．北京：中国建筑工业出版社，1991．

17．荆其敏等．世界名城．天津：天津大学出版社，1995．

18．荆其敏．建筑环境观赏．天津：天津大学出版社，1993．

19．沈祝华等．设计过程与方法．济南：山东美术出版社，1995．

20．夏祖华等．城市空间设计．南京：东南大学出版社，1992．

21.《城市规划》文库：城市设计论文集. 北京：城市规划编辑部，1998.

22. [英]F·吉伯德等. 市镇设计. 程里尧译. 北京：中国建筑工业出版社，1983.

23. 金广君. 国外现代城市设计精选. 哈尔滨：黑龙江科学技术出版社，1995.

24. 同济大学建筑与城市规划学院：同济大学城市规划专业教师学术论文集. 北京：中国建筑工业出版社，1997.

25. Hamid Shirvani. Urban Design Process. Van Nostrand Reinhold Company，1985.

26. Laurence Stephan Cutlur. Recycling City for People. Van Nostrand Reinhold Company，1967.

27. Bryan Lawson. How Designers Think. The Architectural Press Ltd. London，1980.

28. Municipal Management Series. The Practice of Local Government Planning，1988.

29. Roger Trancik. Finding Lost Space. Van Nostrand Reinhold Company，MA，1986.

30. Bill Risebero. The Story of Western Architecture. MIT Press. Cambridge，MA，1985.

31. Bill Risebero. Modern Architecture and Design. MIT Press Cambridge，MA，1985.

32. Department of Urban Planning. University of Nottingham，UK. Journal of Urban Design. Volume 1. Number 1. February，1996.

33. K. Lynch. The Image of City. MIT Press，1960.

34. Genenvieve Ray. City Sampler. Community Design Exchange，Washington D. C.，1984.

35. U. S. Department of Transportation. Aesthetics of Transportation. U. S. Government Printing office，1980.